JN091048

人生を豊かにする 生涯スポーツ

Invitation to lifelong sports

監 修

勝亦陽一・上岡洋晴

編 著

曽根良太・李 永晃

東京農大出版会

はじめに

　大学体育は、名実ともに、学校教育における最後の「体育：体を育む機会」であり、生涯スポーツにつなげるラストチャンスだといっても過言ではない。

　人生100年時代、大学卒業後、80年にわたり命が尽きるまで運動・身体活動は不可欠である。本書では、身近な生活と直結した健康・体力づくりの理論の平易な説明と、それを自分化して実践につなげるための示唆を与える。さらには、多様なスポーツ・レクリエーション種目の魅力と実施方法を紹介している。加えて、日常生活の中で自宅や自宅近くの屋外でも取り組むことができるトレーニング方法も紹介している。これは感染症が拡大して、過去のように自宅生活を余儀なくされても対応できることをも想定している。

　「人」は動物である。動き続けなければならない宿命の生き物である。そして「人間」でもある。仲間たちとより良好な関係を構築し、明るく、楽しく生活することが自他の幸せにつながる。

　これらの術を大いに学ぶことができるのが、スポーツ・レクリエーションである。この本を通じて地球の未来を担う若者たちに強く伝えたい。

2023年3月

著者を代表して
東京農業大学教授　　上岡　洋晴

目　次

はじめに ………………………………………………………………………… 3

第1章　スポーツ・運動の科学

1．スポーツ科学概論 ……………………………………………………… 7
2．体力とは何か ……………………………………………………………… 11
3．スポーツの技術とは何か ……………………………………………… 14
4．トレーニング科学 ……………………………………………………… 17
5．体力を高めるには ……………………………………………………… 21
6．スポーツの技術を高めるには ………………………………………… 25
7．スポーツ科学を活用したトップアスリートの支援 ……………… 29

第2章　健康づくりの科学

1．健康づくり概論 ………………………………………………………… 33
2．身体活動・運動・スポーツとエネルギー消費量 ………………… 36
3．健康的な生活のための行動科学 ……………………………………… 45
4．体重コントロールと減量（ダイエット） ………………………… 49
5．生活習慣病を防ぐには ………………………………………………… 57
6．良好な睡眠をとるには ………………………………………………… 62
7．メンタルヘルスと運動 ………………………………………………… 65
8．熱中症を防ぐには ……………………………………………………… 68
9．食事バランスガイドでセルフチェック …………………………… 73

第3章　スポーツ・レクリエーション種目とルール

1．ゴール型種目
（1）バスケットボール（3×3含む） ………………………………… 81
（2）サッカー（フットサル含む） …………………………………… 85
（3）アルティメット …………………………………………………… 89
（4）ユニバーサルホッケー（ユニホック） ……………………… 91
2．ネット型種目
（1）バレーボール（ソフト・シッティングバレー含む） ……… 93
（2）インディアカ ……………………………………………………… 98
（3）セパタクロー ……………………………………………………… 100
（4）卓　球 ……………………………………………………………… 102

（5）ショートテニス　……………………………………………　104

（6）バトミントン　…………………………………………………　106

3．ベースボール型種目

（1）ソフトボール（キックベースボール含む）　………………　111

4．ターゲット型種目

（1）ゴルフ　…………………………………………………………　115

（2）ボッチャ　………………………………………………………　118

5．その他の種目

（1）トランポリン　…………………………………………………　121

第4章　身近でできるトレーニング

1．理論編：トレーニングの原理・原則　………………………　125

2．理論編：レジスタンストレーニングとは　…………………　128

3．理論編：筋肉を増やす・筋力を向上させるには　…………　131

4．実践編：ストレッチング　……………………………………　134

5．実践編：自重トレーニング　…………………………………　138

6．実践編：身近な物を使っての筋力トレーニング　…………　143

7．実践編：効果的な有酸素性運動のポイント　………………　150

8．実践編：傷病者への応急処置　………………………………　155

コラム

（1）サプリメントとプロテイン　………………………………　161

（2）アンチ・ドーピング　………………………………………　163

（3）入浴の勧め　…………………………………………………　166

（4）季節のスポーツの勧め　……………………………………　169

（5）早生まれは損なのか　………………………………………　172

（6）子どもの体力低下　…………………………………………　175

（7）免疫機能を高める　…………………………………………　178

（8）ミルキングアクションとは　………………………………　180

（9）オリンピックとパラリンピック　…………………………　183

おわりに　………………………………………………………………　187

執筆者一覧　……………………………………………………………　188

第1章　スポーツ・運動の科学

勝亦　陽一

1．スポーツ科学概論

（1）スポーツとは何か

　サッカーや野球は「スポーツ」である、と考える人は多いだろう。一方で、じゃんけん、囲碁・将棋、散歩、さらにはビデオゲームによる競技（通称eスポーツ）は「スポーツ」だろうか。これらについては意見が分かれるかもしれない。このように、私たちの日常に溢れる「スポーツ」の意味や境界線を説明するのは簡単ではない。ここでは「スポーツ」について考える材料として、2つの例をあげる。

　「スポーツ」を辞書で調べてみると、「陸上競技・野球・テニス・水泳・ボートレースなどから登山・狩猟などにいたるまで、遊戯・競争・肉体的鍛錬の要素を含む身体運動の総称」（広辞苑）とある。遊戯とは遊びのこと、競争とは勝ち負けを競うこと、鍛錬とは心身をきたえたり技能をみがいたりすることである（広辞苑）。これらの定義に従えば、じゃんけん、囲碁・将棋、散歩およびeスポーツは、強度は高くないが身体運動を伴い、心身の鍛錬にもなるので、すべて「スポーツ」と考えることができる。

　スポーツ史の研究によると、英語の「sport」は、19～20世紀にかけて使用されるようになった比較的新しい言葉である。その語源は、ラテン語の「deportare」であり、日常から離れて気晴らし・休養をすること、楽しむこと、遊ぶことなどの意味がある。その後、「deportare」は、フランスでは「desport」、イギリスでは「disport」に変化し、最終的には各地において「sport」として使用されるようになった。

　気晴らしや遊びであった「sport」は、19世紀に入ると、イギリスなどでルール化および組織化が進み、世界中に広がった。明治時代以降、日本国内にも世界各地から組織化された「sport」が伝わった。その後、日本では独自のスポーツ文化を創り上げ、

現在では、学校の体育・部活動、地域の交流活動などにおいて「スポーツ」は一般的に行われている。

　最初の問いに戻るが、「スポーツ」とはなんだろうか。過去の経緯や現状を踏まえると、「スポーツ」の本質は「日常から離れて気晴らし・休養をすること、楽しむこと、遊ぶこと」にあり、「スポーツ」はいつの時代も人間に必要な活動だったと考えられる。今後、スポーツの種類や形式はさらに多様化し、楽しみ方・かかわり方の個人差も大きくなるかもしれないが、「スポーツ」の本質は変わらないだろう。

（2）スポーツ科学とは何か

　スポーツ科学は、幅広い分野から構成される応用学問である。図1-1は、スポーツ科学の対象範囲を示している。対象は、個・人からチーム・組織、さらには社会・文化・環境まで広範囲に及ぶ。

　個・人を対象とした分野には、生理学、生体力学（バイオメカニクス）、栄養学、医学などがあり、人がスポーツをする、競技力や体力を高める、選手やコーチを支えるための研究が行われている。チーム・組織を対象とした分野には、経営学、教育学、コーチング学などがあり、原因と結果の関係や目標を達成するための方法に関する研究が行われている。さらに、社会・文化・環境を対象とした分野には、哲学、社会学、人類学などがあり、それらを変える・創る・広めるための研究が行われている。

　次に、これらの分野における研究内容の具体例を2つ紹介する。これまでの日常生活・スポーツ経験とスポーツ科学の関連について考えながら読み進めてみよう。

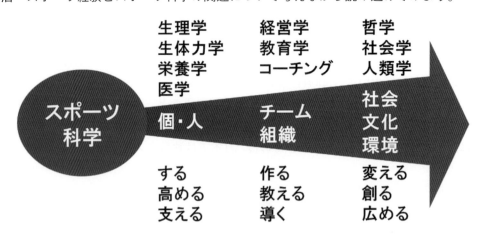

図1-1　スポーツ科学分野の例

（3）スポーツ科学の例：スポーツ生理学

　スポーツ生理学は、運動やスポーツによって運動器、呼吸器、循環器、神経などの生体にどのような変化が生じるのか、そして、その仕組みはどうなっているのかを研究する学問である。たとえば、スポーツ生理学では、マラソンのような長い距離を走る持久系種目において、速く走れる人とそうでない人の差について、3つの要素から

説明することができる。

　まず、持久力を推測する最も基本的な要素の最大酸素摂取量である。これは、持久系種目の運動をしているときに、体内に取り入れることができる酸素の最大量のことである。この量が多いほど持久力に優れている。

　2つ目は、乳酸性作業閾値（いきち）である。乳酸は、体内にある糖を分解する過程で生成される有機化合物である。血中の乳酸濃度は、運動強度が高くなる、運動時間が長くなるほど高くなる。乳酸性作業閾値は、運動強度を上げていったときに乳酸濃度が急激に増加するポイントのことである。全身持久力が高い人は、低い人に比べてより高い運動強度で乳酸濃度が急増する。

　最後に、走りの経済性・効率の良さの指標（ランニングエコノミー）である。車の燃費に近い指標である。車の場合はガソリンがエネルギー源であり、車の性能が高ければガソリンの消費量は少なくなる。一方で、人の場合は酸素がエネルギー源であり、走り方の技術や身体の機能が高ければ、酸素の消費量は少なくて済む。持久力が高い人は、同じ速度で走ったときの酸素消費量が少ない（ランニングエコノミーが高い）。

　スポーツ生理学では、その他にも身体組成、血液成分、遺伝情報などの研究も進んでいる。これらの知見を理解し活用することで、体力や競技力を向上させることが可能になる。

（4）スポーツ教育学

　スポーツ教育学というと、学校での体育や部活動をイメージする人が多いかもしれない。これらは、教育のためのスポーツ、いわば人格形成や体力向上の手段としてのスポーツである。スポーツは、目的に応じて適切・適度に用いればよい手段になる。一方で、目的に合わない過度なスポーツの活用は、人格形成に悪影響を及ぼし、体力の低下や怪我に繋がる。その例としては、競技スポーツにおける指導者から選手への

体罰やハラスメント、選手間の暴力やいじめ、過度な練習強度や長時間練習による怪我などの問題がある。

　スポーツをすること自体が目的の場合もある。スポーツを楽しみたい、達成したいといった人間の根源的欲求に基づくスポーツ活動である。レクリエーションとしてスポーツを楽しむのであれば、人生を豊かにすることに繋がる。一方で、欲求が高くなると問題が起こる場合がある。たとえば、競技力を向上させるための禁止薬物の使用（ドーピング）は、その一例である（ドーピングについては、コラム（2）「アンチドーピング」を参照）。スポーツ教育学は、これらの問題の所在、スポーツの指導はどうあるべきか、さらにはスポーツのもつ本来的な価値を生かした教育の方法などを検討している。

【参考文献】

中村敏雄, 髙橋健夫, 寒川恒夫, 友添秀則（編集主幹）. 21世紀スポーツ大事典. 東京：大修館書店；2015.

２．体力とは何か

（1）体力とは何か

「受験勉強で運動をしていなかったから体力が落ちた」、「体力を使い果たして宿題をやる気がしない」というときの体力は、何を意味しているのだろうか。ここでは３つの例をあげて体力について考えてみたい。

体力というと、体力テストの数値の高低を想像する人もいるかもしれない。では、50m走のベストタイムが6.5秒のAさんが、「あんまりやる気がしないなぁ」という気持ちで走ったタイムが7.0秒だったとき、Aさんの体力はどう評価すべきだろうか。この場合は、Aさんは50mを6.5秒で走る身体的要素はあっても、意思や意欲などの精神的要素が低下していたと評価するのが妥当だろう。この例が示すように、体力は、身体的要素と精神的要素に分けることができる。

では、50m走のベストタイムが6.5秒のAさんとBさんが、40℃を超える猛暑の中で測定を行ったところ、Aさんは6.5秒だったが、Bさんは7.0秒だった場合、両者の体力はどう評価すべきだろうか。この場合は、Aさんは猛暑に対応するための体温調節の機能が備わっていたが、Bさんはその機能が低かった可能性があると考えられる。この例が示すように、体力は、行動の基礎となる身体の能力（行動体力）と身体的ストレスへの抵抗力（防衛体力）に分けることができる。辞書においても「作業・運動の能力、または疾病に対する抵抗力」（広辞苑）というように、体力を２つの意味にわけているものがある。

（2）体力の定義

これらの要素をさらに細かく分類した体力の定義はいくつかあるが、学問分野や時代によって異なる。ここでは猪飼（1963）の定義を紹介する（図１−２）。

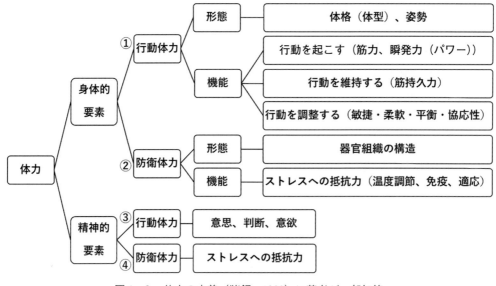

図1-2　体力の定義（猪飼、1963）に著者が一部加筆

体力は次の4つに分類される。

①身体的要素の行動体力：体格や姿勢などの形態、筋力などの機能のこと。
　（機能はさらに細かい分類があるので後述する（※）。）
②身体的要素の防衛体力：器官組織の構造と身体的ストレスへの抵抗力のこと。
③精神的要素の行動体力：意思、判断、意欲のこと。
④精神的要素の防衛体力：精神的ストレスへの抵抗力のこと。

　体力がある人の条件とは、分かりやすい言葉で表現するなら、①体格や姿勢がよく、合目的に運動することができること、②環境の変化に身体が対応できること、③物事に前向きに取り組めること、④強い精神力があること、である。

（※）「①身体的要素の行動体力」の機能は、次の3つに分類される（石河、1962）。
　　　なお、カッコ内には各能力に該当する体力テストの項目を示した。

○行動を起こす能力：筋力（背筋力・握力）や瞬発力（垂直跳び・立幅跳び）のこと。
○行動を持続する能力：筋持久力（上体起こし）や全身持久力（5分間走・シャトルラン・踏み台昇降運動）のこと。
○行動を調節する能力：敏捷性（反復横跳び）、柔軟性（長座体前屈、伏臥上体反らし）、平衡性（閉眼片脚立ち）、協応性（ジグザグドリブル）のこと。

　このようにみていくと、体力テストの項目は、「①身体的要素の行動体力」を測定・評価していることが分かる。その他の体力は、学校で行えるような簡易の測定では客観的に数値で表すことができないため、基準を作って数値で評価したり、他者と比較したりすることが難しいという事情もある。

（3）体力を分類・定義することの意義

　冒頭に挙げた例について、体力の定義に従って考えてみよう。まず、「受験勉強で運動をしていなかったから体力が落ちた」は、「①身体的要素の行動体力」や「②身体的要素の防衛体力」が当てはまりそうである。例えば、高校生３年生の夏は、猛暑の中でも走り回ることができたのに、大学１年生の夏休みに運動をしようとしたところ、行動を維持する能力が低下し、さらに、暑さに耐えられず、ちょっと動いただけで呼吸が苦しくなった、という状態が想像される。このように、体力を分類して定義することで、曖昧だった身体の状態が明確になる。

　「体力使い果たして宿題をやる気がしない」はどうだろうか。運動をしたことで筋力や持久力が低下した、または精神的ストレスを感じたことで意欲が低下した、その両方の可能性もある。この例のように身体的要素と精神的要素、行動体力と防衛体力を区別することが難しい場合もある。実際に、「水泳を始めたら、ぜんそくの症状が緩和したし、身体的要素が向上したら、防衛体力も向上した」といった体感をした人もいるかもしれない。しかし、行動体力と防衛体力との相互関係については、まだ不明なところも多く、今後の研究が期待されている。

　体力トレーニングを行うとき、特に競技力の向上を目的とするときには、どの体力を向上させるべきなのかを体力の定義に基づいて明確にしたほうがよい。たとえば、競技パフォーマンス低下の原因が、暑さや湿気などの外的環境のストレスに弱いことであれば、温度や湿度を考慮した上でトレーニングを行う必要がある。つまり、体力を測定して不足している要素を明確にすることで、必要な体力を効率的かつ効果的に向上させることが可能になる。

【参考文献】

（1）猪飼道夫．運動生理学入門．東京：杏林書院；1963.

（2）石河利寛．スポーツとからだ．東京：岩波新書；1962.

3．スポーツの技術とは何か

（1）スポーツパフォーマンスを決める心・体・技

　私たちは、バスケットボール選手が相手をかわしてドリブルする、野球選手がリズミカルにボールを捕球して送球する動きをみると「うまい」「上手」と感じる。一方で、陸上短距離選手が100mを疾走する、柔道選手が相手を背負って投げる動きをみると「速い」「力強い」と感じるものの、「うまい」「上手」と感じる人は少ないのではないか。両者の違いはどこにあるのだろうか。

　前者は、各スポーツパフォーマンス（課題）に対して、「身体の動かし方が合目的であるか、または工夫されているか」を評価している。これをスポーツの技術と呼ぶ。一方で、後者は筋力や瞬発力などの身体的要素が優れているかを評価している。これを広義に体力と呼ぶ（体力については第1章2.「体力とは何か」を参照）。もちろんこれは、選手をみている人の評価基準であって、実際の動きについて技術と体力のどちらが重要かを言っているのではない。

　スポーツ科学の分野では、スポーツパフォーマンスを表わす式がいくつかある。ここでは、猪飼（1974）の式を紹介する。

$$P = C \cdot \int E\,(M)$$

この式のアルファベットは以下の意味を表わしている。

　P（performance）：スポーツの成果・記録
　C（cybernetics）：身体の制御や技術
　E（energy）：体力の身体的要素
　M（motivation）：体力の精神的要素

この式は、意欲（M）によって身体機能（E）が働くこと、身体機能（E）を合目的に動かす技術（C）によってパフォーマンス（P）が決定することを示している。さらに簡単に表したのが次式である。

　スポーツパフォーマンス ＝ 意欲（心）× 身体（体）× 技術（技）

スポーツの技術を練習やトレーニングなどによって身につけた状態のことを運動技能（スキル）という。このスキルは、競技種目のルール、動き、環境などの状況に応じた特性があるため、それらを明確に分類することは難しい。ここでは、状況と動きを基準としたスポーツスキルの分類について紹介する。

（2）状況を基準としたスポーツスキルの分類

　スキルは、発揮される状況を基準としてオープンスキルとクローズドスキルに分けられる（図1-3）。オープンスキルは、仲間や対戦相手、ボールの変化などの外的要因に影響される状況での技術である。たとえば、ボクシングなどの格闘技、テニスなどのネット型競技（サーブを除く）、サッカーなどのゴール型の球技（コーナーキックやフリースローなどの試合が止まった状況でのプレーを除く）、ベースボール型の競技（投手の投球を除く）における技術が該当する。

　クローズドスキルは、仲間や対戦相手、ボールなどの外的要因に影響されない状況で発揮される技術である。たとえば、体操競技やフィギュアスケートなどの採点競技、陸上競技や競泳などの記録競技、ゴルフなどの標的競技の技術が該当する。もちろん、これらの競技においても、外的要因に受けることもあるが、オープンスキルであげた競技と比較すると、その影響は小さい。

　両スキルの違いをゴルフと野球の打撃で説明する。両種目は、いずれも打具でボールを打つため、基本的な打撃動作は類似している。しかし、ゴルフではクローズドスキル（動かないボールを打つ技術）が求められるため、動作の型を習得すること、動作の再現性を高めることでスコアが改善する。一方で、野球の打撃ではオープンスキル（相手投手が投げたボールに応じてバットを振る技術）が求められるため、投球の軌道を予測・判断すること、投球に応じて瞬時に動作を工夫することでミート率が改善する。

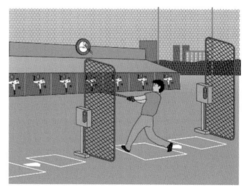

図1-3　状況を基準としたスポーツスキルの分類例
左：クローズドスキル（ゴルフの打撃）
右：オープンスキル（野球の打撃）

（3）時間的な連続性を基準としたスポーツスキルの分類

　時間的な連続性を基準とした場合、離散的スキル、連続的スキルおよび系列的スキルの3つに分類される（図1-4）。まず、離散的スキルには、各プレーに明確な始めと終わりがある。たとえば、跳ぶ、打つ、投げるといった競技スポーツの各動作を構成する単一のスキルである。連続的スキルは、明確な終わりがなく反復して行われる。たとえば、ランニング、水泳、自転車などのように、1つのサイクルの終わりが次の動作の始まりになるスキルである。系列的スキルは、いくつかの離散的スキルや連続スキルが流れの中で組み合わせて行われる。たとえば、陸上の三段跳び（3回の跳躍）、体操の演技（技の組み合わせ）、やり投げ（助走からの投擲）のような複雑なスキルが該当する。

図1-4　時間的な連続性を基準としたスポーツスキルの分類例
　　　左：離散的スキル（ゴルフの打撃、投擲）
　　　中：連続的スキル（自転車、ランニング）
　　　右：系列的スキル（体操、フィギュアスケートの演技）

【参考文献】

猪飼道夫. 身体運動の生理学. 東京：杏林書院. 1974.

4．トレーニング科学

（1）トレーニングとは何か

　トレーニングというと「試合で勝利する」または「競技力を向上させる」ために行う高強度の運動という印象があるかもしれない。しかし、それはトレーニングの一部でしかない。トレーニングは、スポーツ選手のパフォーマンス向上のためだけでなく、一般人における健康の維持または増進のための手段として用いられる。また、トレーニングをすること自体が目的の場合もある。

　辞書によると、トレーニングの語源は、ラテン語の「Trahere」であり、引かれるものという意味がある。英語では「train」に変化し、名詞では馬が引く台車が連なった様子から「電車」、「行列や連続」の意味で、動詞では台車を目的地に「牽引する」というイメージから「訓練する」、「練習する」の意味で、名詞の「Training」は「訓練」、「練習」の意味で使用されている。このような経緯から、日本語では、トレーニングを「訓練」、「練習」という意味で使用している。本項では、この語源を考慮して、トレーニングを「定期的に行う身体訓練」と定義する。

（2）トレーニング科学とは何か

　トレーニング実施者であれば、できるだけ効率的かつ安全にトレーニングを行いたいと思うだろう。トレーニング科学は、その方法について、解剖学、生理学、バイオメカニクス、心理学などから研究をする応用学問である。

　スポーツ現場で行われるトレーニングは、強豪チームがやっている、昔からやっている、という理由で種目が選択されることが多い。一方で、過去にスポーツ現場で頻繁に行われていた「うさぎ跳び」は、膝関節などへの負荷が高く、怪我をする可能性があることがわかり、現在ではほとんど行われてない。このように流行や風習に惑わされず、効率的かつ安全にトレーニングを行いたい人は、トレーニング科学について深く調べてみるとよいだろう。

（3）関節運動のメカニズム

　トレーニングを効率的かつ安全に行うには、関節運動のメカニズムを理解する必要がある。関節運動は、1つの骨から別の骨に付着した筋が長さを縮め（収縮し）、2つの骨の位置が近づいたり遠くなったりすることで起こる。

　人が発揮することができる最大の筋力や、素早く関節を動かす能力は、筋量に比例する。筋量が多くなると関節の可動域が狭くなる、動きが遅くなると誤解している人もいるかもしれないが、ボディビルダーのような極端な筋量でなければ、そういったことは起こらない。

　最大筋力の大きさは、筋量以外に、筋線維のタイプ（組成）、脳からの指令などの影響を受ける。筋線維は、収縮速度が速く疲労しやすい速筋タイプと、収縮速度が遅

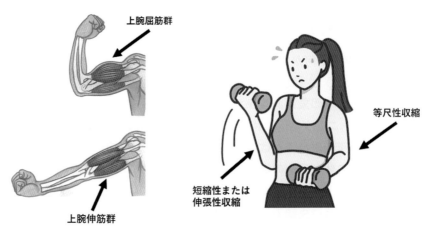

図1-5　筋収縮の特性
左：肘の曲げ伸ばしに関わる筋群
右：ダンベルトレーニングのイメージ

く疲労しにくい遅筋タイプに分けられる。このタイプは先天的に決まっており、トレーニングによる変化も起こりにくい。一方で、モチベーションの低下などの理由により脳からの指令が抑制されると、筋力は小さくなる。声を出して力を出すと、この抑制が解除され、筋力は最大に近くなる。したがって、投擲や重要挙げのアスリートが大声を出してプレーするのは、理にかなった行動である。

　筋の収縮は、筋の長さ変化を基準に３つに分類される（図1-5）。関節の構造上、シンプルでわかりやすい肘関節の屈伸運動で説明をする。様々な重りを手に持って肘を曲げ伸ばしすることを想像しながら読み進めよう。

　①短縮性収縮またはコンセントリック収縮：肘を曲げるために筋が収縮しようとして、実際に筋が収縮して肘が曲がる運動。

　②伸張性収縮またはエキセントリック収縮：肘を曲げるために筋が収縮しようとして、実際には筋が引き延ばされ肘が伸びる運動。

　③等尺性収縮またはアイソメトリック収縮：肘を曲げるために筋が収縮しようとして、実際には筋の長さが変わらず肘が屈曲も伸展もしない（固定された）運動。

　この中で最も大きな力を発揮できるのは、②の伸張性収縮である。短縮性収縮では、ダンベル（負荷）が軽いほど筋は素早く収縮するが、一方で筋力は小さくなる（スポーツ科学では、力―速度関係で説明される）。

（4）筋収縮のためのエネルギー供給

　筋が収縮するときのエネルギー源は、アデノシン３リン酸（ATP）である。ATPは、アデニン塩基とリボース（糖）が結合したアデノシンに３個のリン酸が結合した化合物である。ATPは、加水分解によりアデノシン２リン酸（ADP）とリン酸になるときにエネルギーが放出される。このエネルギーは筋収縮だけでなく、エネルギーを必要とするすべての生命活動に使われている。

ATPは、筋内に貯蔵されているが、量が少ないため、それだけでは筋収縮の持続時間は数秒である。従って、運動を継続するのであれば、ATPを消費しつつ、ATPの再合成（ADTからATP）が必要になる。再合成のためのエネルギー供給機構には、ATP-PCr系、解糖系、酸化系の３つに分かれる（図１-６）。

○ATP-PCr（クレアチンリン酸）系

　酸素を必要としない無酸素性エネルギー産生機構である。これは、筋内で生成されたADTをATPに再合成する機構であり、大きな筋力やパワーなどの瞬発力を必要とする運動時のエネルギー供給源である。

○解糖系

　筋内にある糖（グリコーゲン）がミトコンドリアでピルビン酸に分解される過程でATPが生成される。これは、酸素を必要としない無酸素性エネルギー産生機構である。また、ピルビン酸は乳酸に分解される。乳酸は、肝臓でグリコーゲンに再合成され、エネルギー源として再び利用される。解糖系は、運動開始約５秒後から数十秒間の運動におけるエネルギー供給源である。

○酸化系

　ミトコンドリア内でグルコースや脂肪酸が分解されアセチルCoAが生成される。それがTCA回路に進み、複雑な過程を経てATPが生成される。この過程は酸素を必要とする有酸素性エネルギー産生機構である。酸化系は、長時間の運動におけるエネルギー供給源である。

　運動時には運動時間や強度によってATP-CPr系、解糖系、酸化系が使い分けられる。基本的には、運動強度が高いと無酸素性エネルギー産生機構が、運動時間が長いと有酸素性エネルギー産生機構が大きなエネルギーの供給源になる。

無酸素性
エネルギー産生機構

有酸素性
エネルギー産生機構

図１-６　運動別の主なエネルギー産生機構
無酸素性エネルギー産生機構：短時間・高強度の運動
有酸素性エネルギー産生機構：長時間・低強度の運動

（5）トレーニングの効果を決定する要因

　トレーニングの効果は、環境に適するように身体の形態や機能が変化することで得られる（図1-7）。環境とは、トレーニングの種類、負荷の大きさ（強度）、セット数・回数・時間などの量や頻度のことである。

　種類と負荷の大きさは、「どのような効果が得られるか」を決定する要因である。たとえば、スクワットは一般的には、下半身を鍛えるための無酸素性のエクササイズである。10回反復できる程度の負荷でスクワットのトレーニングを行えば筋力向上の効果がある。しかし、50回反復できる負荷で数多くスクワットを行っても筋力は向上せず、筋持久力が向上する。

　量や頻度は「効果の大きさ」を決定する要因である。10回反復できる程度の負荷で「10回×3セット、週に2回」のトレーニングを行えば筋力向上の高い効果が得られるが、一方で、「5回×1セット、週に1回」のトレーニングではほとんど効果が得られない。では、「10回×10セット、週に7回」のトレーニングを行えば、筋力向上の効果はさらに高まるだろうか。答えはNoである。負荷が大きすぎると体力が回復しないのでトレーニングを継続できず、怪我のリスクは高まる。つまり、最大の効果を得るには、トレーニング経験の有無や体力レベルに応じた適切な量と頻度でトレーニングを行う必要がある。

図1-7　スクワットのイメージ
左：自体重によるスクワット
右：バーベルを背負ったスクワット

【参考文献】

福永哲夫（編）．筋の科学事典―構造・機能・運動．東京：朝倉書店；2002.

5．体力を高めるには

（1）目標を設定する

　スポーツ科学の発展、感染症拡大などによる運動不足や生活スタイルの変化により、体力の向上に対する需要は急激に高まった。また、インターネットの発達により、SNSや動画配信サイトには、トレーニング方法や理論に関する情報が溢れている。そのため、体力を向上させるには、多くの情報から自分に必要なものを選択し、適切に活用するという情報リテラシーが不可欠である。

　自分に必要な情報を選択するには、第一に、どの体力をどこまで向上させるかという目標を明確にする必要がある（体力の定義については、本書の第1章2「体力とは何か」を参照）。目標は、達成するのが困難ではなく、具体的かつ、できるかもしれない現実的な目標を立てるとよい。たとえば、6カ月で筋量を1kg増やす、12月までに10km走のタイムを2分短縮する、などである。

（2）手段を選択する

　目標を立てたら、それを達成するための手段（運動の種類）を選択する（図1-8）。ここでは体力のうち、身体的要素の行動体力について紹介する。たとえば、身体的要素の行動を起こす能力（筋力や瞬発力）を向上させたいのであれば、筋力を高める各種のトレーニング（筋トレ）、短距離走、ジャンプなどの高重量・高負荷の運動を行う必要がある。これらは無酸素性の運動である。

　身体的要素の行動を維持する能力（持久力）を向上させたいのであれば、ランニングや自転車などの低負荷・長時間の運動を行う必要がある。これは有酸素性の運動であり、脂肪を主なエネルギー源とする。

　姿勢の改善、腰痛予防および肩凝りを改善する手段としては、ストレッチ、ヨガや体幹トレーニングなどの全身運動や身体を操作・固定する運動を行う必要がある。これは強度や時間によってエネルギー源が変わるが、基本的に強度は高くない。また、持久力の増加や脂肪量の減少には効率的な手段ではない。

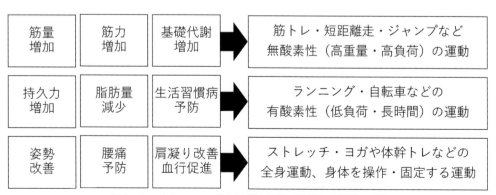

図1-8　トレーニングの目標と手段（運動の種類）の例

筋量の増加と脂肪量の減少、または筋力と筋持久力の増加のように、相反する両方の能力を向上させたい場合には、高強度と低強度（無酸素性と有酸素性）を組み合わせた運動が必要である。

（3）トレーニングの計画を立てる
　目的と手段が決まったら、次は計画を立てる。といっても、「必ず、毎日スクワット100回やる！」といった確実に三日坊主になりそうな計画を立ててはいけない。負荷の大きさは「どのような効果が得られるか」、量や頻度は「効果の大きさ」を決定する要因であることを考慮して、トレーニングの計画を立てる。
○無酸素性の運動（筋トレやジャンプ）：負荷、1セットの回数、セット間の休息時間、セット数、頻度
○無酸素性運動（短距離走）：距離、本数、タイム、頻度
○有酸素性の各種運動：距離、本数、タイム、頻度
○ストレッチ、ヨガなど：時間、強度、頻度

　無酸素性と有酸素性の両方を向上させる場合には、低強度と高強度の運動を別の日に行う、または1日の中で休息を挟みながら両方の運動を行う方法（インターバルトレーニング）がある。後者の場合は、運動強度が高く、運動時間が短いほど筋量や筋力が増加する。逆に、運動強度が低く、運動時間が長くなるほど持久力が増加する。また、休息時間が短いほど強度は高くなる。休息方法は、完全休息とするか、軽運動や低速でのランニング（ジョギング）などにするかを選択する。このような方法のうち、高強度で行うインターバルトレーニングのことを「High Intensity Intervals（またはIntermittent）Training」、通称「HIIT」と呼ぶ。具体的な例として、20秒の運動を10秒の休憩を挟んで6から7セット行う「TABATA トレーニング」がある。その他、休息を挟んで複数種目のエクササイズを行うサーキットトレーニングがある。
　計画を立てる段階になると、書籍やWEBの情報から、自分に合った運動の種類を選択することができる。本書の第4章「身近でできるトレーニング」には、20歳前後の一般成人が行える各種のトレーニングを紹介しているので、それを参照するとよいだろう。

（4）計画を改善する
　運動の効果は、すぐには成果として現れない。運動の種類を決めたら継続的に行うことが肝心である。長期的目標を達成するために、短期目標が達成されたか、次に計画が予定通りに進んだかを定期的に評価する。「できた、できなかった」といった主観的ではなく、客観的な数値や指標による評価が望ましい。また、なぜうまくいったのか、いかなかったのかといった原因と結果の関係を分析することも重要である。
　次に、目標の達成状況に応じて目標や計画を改善する。うまく進んだところはその

まま継続するか、強度や負荷を上げる。また、うまくいかなかったところは、改善策を検討する。改善策が複数あるときは、優先順位を決めて計画を修正する。

　なお、上記の考え方は、スポーツコーチングやビジネスなどでも用いられるPDCAサイクルに基づいている。PDCAとは、Plan（計画）、Do（実行）、Check（評価）、Action（改善）の頭文字を取ったものである（図1-9）。体力を効率的かつ継続的に高めるには、PDCAを回し続けることが重要である。PDCAサイクルについては、書籍やインターネット上で調べることが可能なので、興味がある人は調べてみよう。

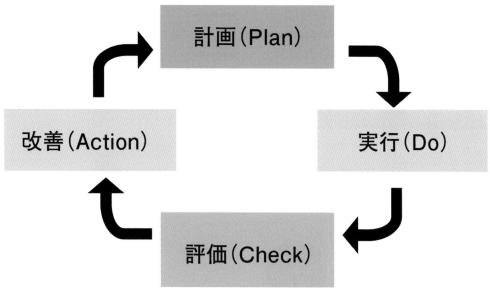

図1-9　PDCAサイクル

（5）競技スポーツにおけるPDCAサイクル

　競技スポーツでは、試合で勝利する、競技力を向上させるために「定期的な身体の訓練」＝トレーニングを行う。トレーニングは、体力の向上だけでなく、身体能力が理由で獲得できなかった技術の習得や怪我の予防にもつながる。一方で、長期的な効果を得るには専門的な知識が必要であり、やり方次第では競技力の低下、怪我のリスクが高まる可能性もある。

　特に、競技力を構成する要因が複雑な競技ほど目標や計画を立てることは難しいが、各競技の動作や時間の特性、自身の体力特性を理解することで目標は立てやすくなるだろう（図1-10および図1-11）。また、試合期と準備期（オフシーズン）を考慮した長期的な目標と計画を立てる必要がある。試合期が終了した段階で試合内容の分析、身体組成、筋力・パワー、持久力、柔軟性などの各種の体力測定を行い、問題・課題とそれらの原因を明確にした上で目標と計画を立てる。手段はそれに合わせて選択する。なお、準備期は体力を向上させ、試合期にはそれを維持するのが基本的な考え方である。

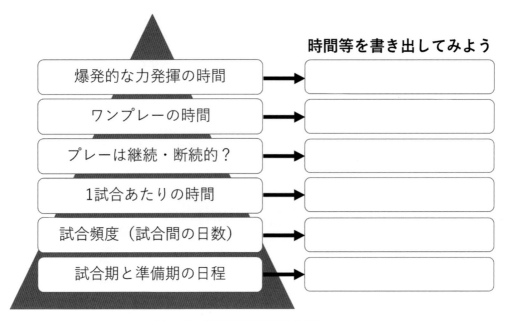

図 1-10　競技の時間的特性分析シート

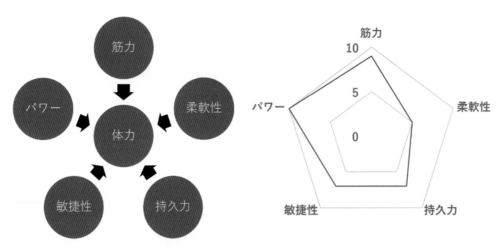

図 1-11　競技特性を考慮して自身の体力特性を分析した例

【参考文献】

スコット・K. パワーズ，エドワード・T. ハウリー（著），内藤久士，柳谷登志雄，小林裕幸，髙澤祐治（翻訳）. パワーズ運動生理学 体力と競技力向上のための理論と応用. 東京：メディカル・サイエンス・インターナショナル；2020.

6. スポーツの技術を高めるには

（1）課題を明確にして練習する

　スポーツのスキルは、状況および動きなどを基準に分類される（第1章3「スポーツの技術とは何か」を参照）。技術を分類することで、スポーツパフォーマンス向上のために、どのような技術を習得するべきかを明確にすることができる。たとえば、バスケットボールにおいて、「味方の動きに合わせて良いタイミングでパスを出すことはできるが、パスが正確ではない」ときは、ボールをパスする技術（クローズドスキル）が課題である。一方で、「1人でドリブルするときは上手なのに、試合になると上手にドリブルできない」ときは、仲間や対戦相手などの外的要因に対応する技術（オープンスキル）が課題である（図1-12）。

図1-12　対戦相手の有無による技術の違い（バスケットボールの例）

（2）クローズドスキルの練習

　技術を習得するには、第1に、技術を認知する（気づく）必要がある。たとえば、ゴルフスイングをする場合、プロゴルファーのスイングを観察したり、クラブの握り方や身体の動かし方の説明を聞いたりすることで、スイングの技術を理解する。それらのイメージや知識をもとにして、身体を思いどおりに動かせる状態にする。

　次に、技術を定着させる必要がある。クローズドスキルは、あらかじめ行うことが決まっているので、同じ技術を何度も繰り返す練習が推奨される。たとえば、認知したゴルフスイングを実際に行ってみても、大抵の場合、すぐには上手くできない。一方で、うまく打てたときと打てなかったときの、身体各部の向きや力を入れるタイミングの違いなどに意識がいく。そのような身体の感覚に注意を集中したり、スマホなどで撮影した動画を確認したりしながら、技術を修正し定着させていく。この過程では、複数のことを同時に意識するのは難しいので、特定の部位や動きに意識を集中させたほうがよい。

運動がある程度定着してくると、身体の感覚を意識することなく、再現性高く身体を動かせるようになる。運動が自動化されると精神的にも良い状態で迷いなくプレーできるため、結果も伴いやすい。この状態に至るまでには、ある程度の練習量が必要である。一方で、身に着けた技術（技能）では、試合に勝利できないこともある。その場合には、また新しい技術や難しい技術を習得するために、技術の認知からスタートする。トップアスリートになる選手の多くは、この過程を繰り返し行っている（図1-13）。

図1-13　技術習得の段階

（3）多様性のある練習をする

　技術を習得するためには、同じ動きを何度も繰り返すことが重要だと説明した。特に、同じ距離で的を狙い続ける弓道のような競技では、その方法は有効である。一方で、習得すべき技術が複数ある場合には、異なる技術をランダムに繰り返すほうが技術の定着および自動化には効果的である。たとえば、ゴルフであれば種類の異なるクラブ（ドライバー・アイアン・パター）でランダムに打つ、野球の投手であれば球種やコースを変えて投げる、バスケットボールであればリングまでの距離を変えてシュートをする、など多様性のある練習をする。

　弓道のように、必要な技術の数が少ない競技においても、試合中の心理状態は常に変化している。勝敗が決まるような場面において、緊張で実力が発揮できないという経験をしたことがある人もいるだろう。このような競技では、練習においても、多様な心理状態で練習をする。たとえば、外的な要因を排除して身体の感覚に意識を集中する、心拍数が上昇するような緊迫した雰囲気の中で実力を発揮する、などの多様な練習を行う。

（4）オープンスキルの練習

　オープンスキルにおいて重要なのは、予測と判断である。たとえば、野球の打撃では、投手が投げるボールの速さやコースを予測できれば打撃の結果は向上する。予測のための情報は、投手の投球動作、ボールの軌道、相手の守備位置などである。相手の守備位置はわかりやすいが、投手の動きのクセを見抜くのは難しい。一流選手の中には、そのことを誰に教わることなく無意識で行っている人もいる。一方で、多くの人は、投球動作や守備位置とボールの速さやコースの関係に関する知識をコーチなどから教わり、投手の投球動作や守備位置を意識的に何度もみて、成功と失敗を繰り返すことで予測と判断の能力を向上させる。

　このような予測に関する練習は、実際の試合だけでなく、映像をみることでも効果がある。近年では、バーチャルリアリティ（VR）による予測練習に関する研究も進んでおり、プロ野球の球団などでも活用されている。VRではなくても、スマホなどで対戦相手の試合を撮影して見ることは、簡易かつ繰り返し行うことができるため、効果的な練習だろう（図1-14）。

図1-14　機器を用いた技術習得
　　　　左：VRによる技術習得
　　　　右：撮影して動作を確認・修正

（5）クローズドスキルとオープンスキルの練習

　野球の打撃だけでなく、テニスのサーブ、サッカーのペナルティキックなど、プレーが止まった状態から再開されるような場面では、予測がしやすくなる。一方で、テニスのラリー、サッカーにおける複数人が関わるプレーは、情報量が多く刻々と状況が変化するため、予測が難しい。また、外的要因に注意が集中することで自動化されていた動きに再現性がなくなったり、精神的に不安定な状態になることでプレーに迷いが生じたりする可能性もある。このようなオープンスキルとクローズドスキルの両方が同時に求められるようなプレーでは、クローズドスキルの動きを自動化した上で、外的要因に注意を向けて、適切な予測と判断をすることが理想である。

　両スキルを同時に習得することは難しいので、一般的には、クローズドスキルとオー

プンスキルを交互に練習することが推奨される。たとえば、サッカーであれば、まず、ボールを自分の思いどおりに扱えるようにドリブルやパスの基礎技術の習得を行う。その後に1対1、2対2、実際の試合というように外的要因を増やしていく。それを繰り返すことで両方のスキルを高めていく。

（6）運動パターンの習得と技術の転移

　野球の投球動作、テニスのサーブ、バレーボールのアタック、バドミントンのスマッシュには、共通している動作のパターンがあるように感じる人も多いだろう。これらの動作は、腰、体幹、腕の順番に回転運動が起こり、手を肩よりも高い位置から振り下ろす動作（オーバーヘッド動作）が共通している。また、ゴルフや野球の打撃、テニスのフォアハンドストロークは、腰、体幹、腕の順番に回転運動が起こる点で、先に挙げたオーバーヘッド動作に類似している。これらの動作には、身体の末端、または末端で持っている用具を正確かつ最大に加速させるという共通した技術が求められる。このような共通した動作やメカニズムを理解することで、技術の認知や定着がスムーズに進みやすくなる。

　一方で、それぞれの技術には相違点もある。たとえば、テニスのフォアハンドストロークでは、ラケットを下から上に振り上げてボールにトップスピン回転をかける。野球の打撃ではバットでボールの下を打つことでバックスピンをかけて遠くに飛ばす。このような相違点を理解していないと、テニス経験者は野球においてトップスピンのゴロを打ち続けることになる。したがって、すでに習得している技術を他種目の技術に転移させるには、共通点だけでなく、相違点を理解することが重要である。

　このような技術の共通・相違点は、クローズドスキルだけでなくオープンスキルにも当てはまる。たとえば、オーバーヘッド動作におけるクセは、テニスやバドミントンにおいて共通・相違点がある。また、サッカーとバスケットボールにおける相手の攻撃パターンの予測や、仲間と相手の位置を考慮したパスコースの判断などには共通・相違点がある。第3章には、各種目に必要な技術を示してあるので、興味がある人は、その共通・相違点を調べてみるとよいだろう。

【参考文献】

（1）杉原隆. 運動指導の心理学：運動学習とモチベーションからの接近. 東京：大修館書店；2003.

（2）麓信義. 運動行動の学習と制御 —動作制御へのインターディシプリナリー・アプローチ—. 東京：杏林書院；2006.

（3）R.A.シュミット（著），調枝孝治（監訳）. 運動学習とパフォーマンス　理論から実践へ. 東京：大修館書店；1994.

７．スポーツ科学を活用したトップアスリートの支援

（１）トップアスリート支援の概要

　オリンピックやパラリンピックにおける日本人トップアスリートの活躍は、多くの人に喜びや感動を与える。その姿は、心身ともに鍛えられた完璧な人間のように見えるかもしれない。しかし、皆さんと同じような心身の悩みや、トップアスリート特有の問題や課題を抱えていることも多い。

　トップアスリートの目標は、国際大会における活躍や自己記録の更新である。問題や課題を克服して目標を達成するのは至難であり、本人の努力はもちろんのこと、周囲の支援が欠かせない。実際に、国内外において、動作・ゲーム・情報分析、フィットネス・栄養・心理サポート、トレーニング指導などのスポーツ医・科学を活用した支援が行われている。また、近年では、コンピューターシミュレーションやAIを用いた支援、靴、ウエア、ボールなどのアスリートが使用する道具の進化、選手の疲労回復のための医療機器の発達など、アスリートの支援は高度化かつ多様化している。

　ここでは、トップアスリート支援の代表機関である国立スポーツ科学センターにおける、複数の分野からの専門的かつ高度な支援の一部を紹介する。

（２）大会や合宿における支援の例

　2016リオデジャネイロオリンピックにおいて、陸上競技の「男子４×100mリレー」日本男子チームは銀メダルを獲得した。当時、日本には100mを９秒台で走る選手はいなかったので、４名の100mタイムを足したら他国には勝てない。しかし、効率的なバトンパスによってメダルを獲得することができた。それを支えたのが科学サポートをするスタッフであった。

　科学サポート班は、長年の蓄積データから、バトンパス技術を磨けば上位入賞が可能と考えていた。そのための技術として、当時、多くの国が採用していたオーバーハンドパスではなく、アンダーハンドパスを採用することにした。オーバーハンドパスは、バトンを渡す側と受ける側との距離が長くなるメリットはあるが、バトンパス時の姿勢から高い走速度を保つことが難しかった。一方で、アンダーハンドパスは、腕を高く挙げない自然なフォームで走ることができるため、バトンパス中も走る速度を高く保つことが可能になる。

　日本チームは、合宿においてアンダーハンドのバトンパス練習を繰り返し、その精度を高める努力を重ねた。また、科学サポート班も合宿や大会に帯同し、走者の速度等を詳細に分析した。効果的なバトンパスの方法に加えて、選手の努力と科学サポート班の協力によって、バトンパス技術の精度が高められ、銀メダル獲得につながった。

　（（１）「第２回　徹底解剖　リオの感動が生まれた秘密！「バトンパス」技術」をもとに、JSCの許可を得て要約）

（3）大会に向けた計画的な支援の例

　国立スポーツ科学センターでは、トップアスリートを対象に診療と医・科学支援を行っている。診療には、内科的メディカルチェック（尿・血液・感染症・胸部レントゲン・呼吸機能検査・心電図検査）、外科的メディカルチェック（身体のアライメント（配列）・弛緩性・タイトネスのテスト）がある。これらは、一般の人が行う健康診断のトップアスリート版であり、競技を継続するために必要不可欠である。一方で、スポーツ医・科学支援には、フィットネス・栄養・心理・映像・情報技術サポート、トレーニング指導、動作・レース・ゲーム分析がある。これらは、競技力を向上させるために行われる。ここでは、フィットネスサポートについて説明をする。

　フィットネスサポートでは、スポーツ科学の調査・測定方法を活用して、競技力向上に役立つデータや知見が選手やコーチに提供される。専門スタッフが詳細な測定および分析を行い、各選手の競技力向上を制限している要因や他の選手との差を数字で明確にする。測定内容には、身体各部位の長さ・太さ（筋・脂肪量）・その割合（体脂肪率など）の行動体力の形態、各部位や様々な動作時の筋力・パワー、最大酸素摂取量などの機能がある。トップアスリートは、各競技に必要な体力要素に関する測定を定期的に受ける。その結果を基にしてトレーニング計画や練習の計画を立てることができる。

　（（2）「スポーツ医・科学支援事業」および（3）「フィットネス・チェック　マニュアル」をもとに、JSCの許可を得て要約）

（4）次世代トップアスリートの発掘・育成

　日本では、今後の世界大会で活躍が期待される選手を対象にした集中的かつ計画的な支援が行われている。そのひとつに、選手の発掘・育成がある。たとえば、素質や才能のあるジュニア選手を発掘し、適性に応じた競技種目の優れたコーチからの指導を受けられるような環境を整備している。

　選手の発掘・育成には、①個人の適性に応じた競技種目を模索する「種目適性型」、

②特定のスポーツにおける適性に応じて選抜する「種目選抜型」、③あるスポーツのアスリートが、自身の特性を活かすことのできる別のスポーツに変わる「種目最適（転向）型」がある。日本においては、ほとんどの競技において②が一般的に行われている。現在は、①③を政策として重点的に行い、国際大会におけるメダル獲得などの成果をあげている。

　（（4）「次世代トップアスリート育成・強化」および（5）「タレント発掘・育成プログラムとは？」をもとに、JSCの許可を得て要約）

（5）女性トップアスリートの育成・支援

　女性がスポーツを継続する場合、ライフステージに応じた課題があるため、国際競技力向上を図りながら、健康的に競技を継続できる環境の整備が進んでいる。たとえば、健康管理上の問題点として、「low energy availability（利用可能エネルギー不足）」、「無月経」、「骨粗鬆症」がある。成長期に激しい運動トレーニングや極端な食事制限などが続くことによって、これらを引き起こす可能性がある。特に、無月経の割合は、体操、新体操、フィギュアスケートなどの審美系の種目、陸上（長距離）、トライアスロンなどの持久系種目において高い。これらの種目は、体脂肪率が低くなる傾向にある。従って、成長期の女性アスリートは、身体の正常な発育・発達を妨げないように、本人、保護者、指導者に正しい知識・情報を啓発し、トレーニング強度・頻度、食事量の調整をする必要がある。

　また、産後の競技復帰を目指す女性トップアスリートへの支援が行われている。定期的なメディカルチェックを実施して評価を行い、トレーニング、栄養および心理の各分野のサポートを継続的に実施している。各分野の専門スタッフ間で連携を取ることで、効果的にアスリートを支援することができる。出産後の円滑な競技復帰に向けて、産前・産後に評価を行い、身体がどのような状態なのかを把握することが重要である。

　（（6）「成長期女性アスリート指導者のためのハンドブック」および（7）「女性アスリートをどのように支援するか〜先輩アスリートの経験に学ぶ〜Ver.2」をもとに、JSCの許可を得て要約）

　国立スポーツ科学センターのHPには、上記以外にもスポーツ科学を活用したトップアスリートの支援について詳細に説明されている。競技スポーツだけでなく、生涯スポーツにも関連する知見や情報があるので、興味がある人は調べてみよう。

【参考文献等】

独立行政法人日本スポーツ振興センターホームページ．入手先

（1）第2回　徹底解剖　リオの感動が生まれた秘密！「バトンパス」技術

　　https://www.jpnsport.go.jp/hpsc/Portals/0/resources/jiss/pdf/sportsscience/

　　sportsscience_02.pdf

（2）スポーツ医・科学支援事業

　　https://www.jpnsport.go.jp/hpsc/business/ourwork/support/tabid/1315/Default.aspx

（3）フィットネス・チェック　マニュアル

　　https://www.jpnsport.go.jp/hpsc/study/fc/tabid/1577/Default.aspx

（4）次世代トップアスリート育成・強化

　　https://www.jpnsport.go.jp/hpsc/business/ourwork/tabid/1323/Default.aspx

（5）タレント発掘・育成プログラムとは？

　　https://pathway.jpnsport.go.jp/talent/index.html

（6）成長期女性アスリート指導者のためのハンドブック

　　https://www.jpnsport.go.jp/hpsc/business/female_athlete/program/tabid/1331/Default.aspx

（7）女性アスリートをどのように支援するか〜先輩アスリートの経験に学ぶ〜Ver.2

　　https://www.jpnsport.go.jp/hpsc/business/female_athlete/program/tabid/1748/Default.aspx

　　参照はいずれも2022-9-23.

第2章　健康づくりの科学

上岡　洋晴

1．健康づくり概論

（1）健康とは何か

　世界保健機関（WHO）は、1947年に採択されたWHO憲章の前文において「健康」を「病気でないとか、弱っていないということではなく、肉体的にも、精神的にも、そして社会的にも、すべてが満たされた状態にあることである（日本WHO協会訳）。」と定義している。

　筆者がより平易に換言すれば、「自身の体とメンタル、社会と関わりが良好な状態である。」としても間違いはないだろう。社会参加も含まれているのは、「はじめに」でも記載したように人間（周囲の人々との協力・支えあいの中で生きている存在）だからである。この機会に自分自身は健康といえるか、改めて考えるヒントにしていただきたい。

（2）健康と生活

　若い人は健康への意識は高いとはいえない。そもそも一番体力がある時期であり、何もしなくても今は健康だからである。しかし、健康ではなくなるときも時々ある。

　ここでは「体」について健康でない状態を例示する。「歯が痛い」、「頭が痛い」、「吐き気がする」、「高熱が出た」、「腹が痛い」、「のどが痛い」などの症状があるとき、つまり病気のときは、どんなにおいしいおかずやスイーツを食べても、おいしいとは感じない。テーマパークに遊びに行っても、旅行に行っても楽しいとは感じない。それどころではなく、早く治ってほしいという一心だけしかないだろう。そして、そうした症状が出て、病気やけがをして、当たり前の普通の生活、「健康」のありがたさを痛感する。

　だが、面白いことに症状や病気から回復すると、健康で当たり前の生活へのありがたさを忘れてしまうところが往々にして人にはある。そしてまた病気などをして健康のありがたさに気づくことを繰り返す。

　図2-1の概念モデルにおいて健康は、建物でいうところの地下の基礎部分を示す。その上に成り立っているのが仕事、学業、部活・サークル、アルバイト、旅行、スポーツ、レジャー、趣味などの生活活動である。前述のように普段は意識することがほとんどないが、健康を害すると生活活動がゆらぎ、営めなくなることもある。

　ぜひ、健康への認識を高め、「健康は与えられるものではなく、自らつくるものである。」（引用*）ということを積極的に実学していただきたい。自ら不良な生活習慣を送れば、生活習慣病やメタボリックシンドローム、その他の病気の発症リスクが高まるのは自明の理である。よって、健康は自らつくり出すものという解釈である。このように健康づくりの実践には、生活習慣がすべてといっても過言ではないので、本章の他の項目を参照されたい。

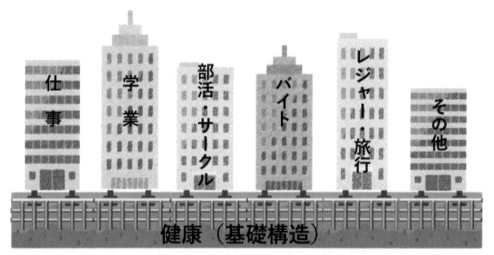

図2-1　健康は生活すべての土台

（3）不健康であることの損失

　不健康＝病気とは限らないが、ここでは病気をすることによる損失を多面的に解説する。まずあげられるのは、病気そのものの症状に伴う苦痛や不快感という負担や、生活の制限がある。また、医薬品の使用に伴う潜在的な副作用、あるいはごく少量ながらレントゲン撮影などに伴う放射線曝露を受けることにもなる。

　経済的・物理的負担では、医療費・医薬品代がある。医師の診察を受ければ保険適用となるが、それでも一定の金銭負担が発生する。1人暮らしの学生ではとくに辛い出費になる。診察を受けるための待ち時間や移動時間は結構長い。またそのためにエ

ネルギーを費やし、他の時間において行うべき仕事や勉強等への意欲が損なわれる。マクロ経済の観点からすれば、国の財政を困窮させる国民医療費の高騰にも繋がる。

【参考文献】

日本WHO協会ホームページ．WHOとは

入手先 https：//japan-wzho.or.jp/about/ 参照 2022-6-15.

（引用＊）

　私ごとになるが、このフレーズは筆者の父、故上岡晴雄が栃木県佐野市の地域における高齢者向け健康づくり教室、介護予防教室などで教育啓発のスローガンとしていた。父は中学保健体育科教員、学校長を経て退職後、第二の人生として社会貢献をということで健康心理士の資格を取り、心身の健康づくりの実践活動を行っていた。

２．身体活動・運動・スポーツとエネルギー消費量

（１）身体活動・運動・スポーツとは

　日常生活では、運動は広い意味合いをもち、スポーツをはじめすべての積極的な活動をも包括しているイメージがある。しかし、厳密には異なる。まず「身体活動（physical activity）」は、「骨格筋によって引き起こされた体の動きの総称で結果としてエネルギー消費を伴うもの」であり、図２-２に示すように一番広い部分をカバーする。

　次に「運動（exercise）」は、「身体活動のうち、体力要素の維持・向上を目指して意図的に繰り返されるもの」である。たとえば、ダイエットのためにジョギングするとか、骨粗鬆症にならないように階段昇降をするなど、体力の維持・向上のために目的をもって行う動作である。前者は日常生活すべてが当てはまる点で異なる。さらに「スポーツ（sports）は特定の種目を競技やレクリエーションの目的で集中して実施するもの」である。

　しかし、特段の断りがない場合は運動という言葉が最も馴染みがあるので、本書では体を動かすこと全般として用いることとする。

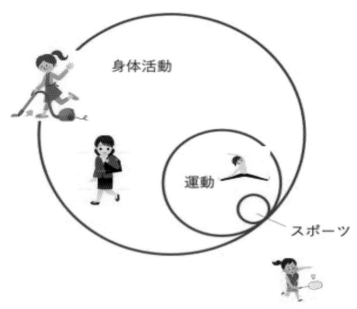

図２-２　身体活動・運動・スポーツの概念

（２）運動処方とは

　「処方」とは、医師が患者の症状に応じて薬の種類や服用の方法を指示することである。病気をすると診察を受けた後に薬の処方せんをもらい、それをもって薬局へ行き薬を出してもらう。このように、どのような薬を、１日何回、どのタイミングで、どのくらいの期間飲むかが処方である。

「運動処方」の基本的な考え方も同じで、「運動を実施する人の身体特性・体力・疾病などを考慮して、その人に適した運動の質と量を決定し、指示すること」である。２型糖尿病やリウマチなどの特定の基礎疾患があり、医師が運動療法として指導することはここでは除く。一般人は運動するときは中身の詳細は別として、実はこの運動処方を自分で決めて実践する形となっている。

　運動の質と量を決めるのが運動処方だが、英文の頭文字をとって「FITT」という。頻度（F：frequency）、強度（I：intensity）、持続時間（T：time）、運動の種類（T：type of exercise）からなる。たとえば、「ジョギング（T）」をするという場合、「週３回（F）」、「１kmを７分ペース（I）」、「５km：35分（T）」というように行うことを計画するなどである。こうした個人で行う運動（ウォーキング、水泳など）は明確にしやすいが、球技などは強度（I）がとくに設定しにくいかもしれない。病気の治療や予防、健康づくりのための運動の場合にはFITTが重要になる。

（3）エネルギー消費量とは

　１日のエネルギー消費量は、生命活動に必要最低限の基礎代謝量に加え、活動時代謝量と食事誘発性熱産生から成り立っている（図2-3）。基礎代謝は、身体的・精神的な影響がまったくない状態で覚醒・安静仰臥位におけるエネルギー代謝量のことであり、生命を維持するのに最低限必要なエネルギーのことである。日本人向けの基礎代謝量を男女・年齢・体重から推定する最も簡易な基準値表が作成されている（表2-1）。基礎代謝量に影響をもたらす因子は、性、年齢、体表面積、身体組成、体温、ホルモン、季節などがある。したがって、この基礎代謝量の推定表はあくまで参考値としてみる必要がある。

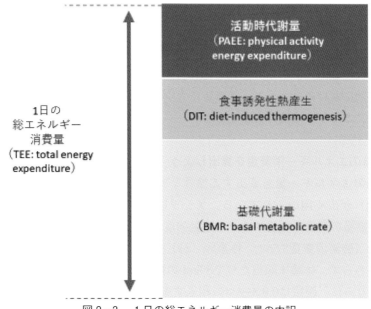

図2-3　１日の総エネルギー消費量の内訳

18〜29歳の人だと、この基準値に体重を掛けることで自身の基礎代謝量（１日当たり）を簡単に算出することができる。例として、

　男性19歳、65kgの人なら：65×24.0＝1,560kcal/日

　女性19歳、50kgの人なら：50×22.1＝1,105kcal/日となる。

　ここで自身の体重を入れて基礎代謝を算出してみよう。

表２-１　基礎代謝基準値（kcal/体重kg/日）

年齢（歳）	男性	女性
１〜２	61.0	59.7
３〜５	54.8	52.2
６〜７	44.3	41.9
８〜９	40.8	38.3
10〜11	37.4	34.8
12〜14	31.0	29.6
15〜17	27.0	25.3
18〜29	24.0	22.1
30〜49	22.3	21.7
50〜69	21.5	20.7
70以上	21.5	20.7

【出典】厚生労働省「日本人の食事摂取基準（2020年版）」

　食事誘発性熱産生は、食物を摂取することによってその消化・吸収および同化作用に必要なエネルギー消費と交感神経活動の活性化によりエネルギー消費が亢進することである。食事をすると身体が温まる、あるいは熱くなるのはこのためで約１時間以内に生じる。

　活動時代謝量は、スポーツ・運動などの自発的な身体活動に基づくエネルギー消費量と日常生活におけるエネルギー消費量に大別される。要は、すべての身体活動そのものによるエネルギー消費のことである。

（４）運動時のエネルギー消費量を算出しよう

　ある運動のエネルギー量を算出する簡易な方法としてメッツ（METs：metabolic equivalents）が広く用いられている。メッツは、ある運動によるエネルギー消費量が安静時代謝量の何倍に相当するかを運動強度で示した単位のことである。座位安静が１メッツ（酸素消費量3.5mL/体重kg／分）とする。これは座位安静の場合、性・年齢にかかわらず、体重１kg当たりで3.5mLの酸素を消費するということを前提としている。ちなみに、睡眠は0.9メッツに相当する。

　多くの運動・動作は、メッツによる運動強度でほぼ網羅されており、表２-２、表

2-3が一覧表である。計算式は、次のとおり簡単である。

ある運動のエネルギー消費量＝

$$メッツ \times 実施時間（h） \times 体重（kg） \times 1.05$$

（メッツ：運動の強度、実施時間：単位が時間なのに注意、体重：その人の体重、
1.05：補正係数）

例：体重55kgの人が、ヨガ（2.5メッツ）を1時間行ったときのエネルギー消費量は
次の計算のとおりである。

$$2.5 \times 1 \times 55 \times 1.05 = 144.375 ≒ 144 \ kcal$$

このように簡単な式で身体活動・運動・スポーツのエネルギー消費量を算出することができる。自身が実施している運動、あるいは今後やってみたい運動をあげ、自身の体重と実施時間を入れて計算をしてみよう。

表2-2　日常の生活活動におけるメッツ

メッツ	3メッツ未満の生活活動の例
1.8	立位（会話、電話、読書）、皿洗い
2.0	ゆっくりとした歩行（平地、非常に遅い＝53m/分未満、散歩または家の中）、料理や食材の準備（立位、座位）、洗濯、子どもを抱えながら立つ、洗車・ワックスがけ
2.2	子どもと遊ぶ（座位、軽度）
2.3	ガーデニング（コンテナを使用する）、動物の世話、ピアノの演奏
2.5	植物への水やり、子どもの世話、仕立て作業
2.8	ゆっくりした歩行（平地、遅い＝53m/分）、子ども・動物と遊ぶ（立位、軽度）

メッツ	3メッツ以上の生活活動の例
3.0	普通歩行（平地、67m/分、犬を連れて）、電動アシスト付き自転車に乗る、家財道具の片付け、子どもの世話（立位）、台所の手伝い、大工仕事、梱包、ギター演奏（立位）
3.3	カーペット掃き、フロア掃き、掃除機、電気関係の仕事：配線工事、身体の動きを伴うスポーツ観戦
3.5	歩行（平地、75～85m/分、ほどほどの速さ、散歩など）、楽に自転車に乗る（8.9km/時）、階段を下りる、軽い荷物運び、車の荷物の積み下ろし、荷づくり、モップがけ、床磨き、風呂掃除、庭の草むしり、子どもと遊ぶ（歩く/走る、中強度）、車椅子を押す、釣り（全般）、スクーター（原付）・オートバイの運転

4.0	自転車に乗る(≒16km/時未満、通勤)、階段を上る（ゆっくり）、動物と遊ぶ（歩く/走る、中強度）、高齢者や障がい者の介護（身支度、風呂、ベッドの乗リ降リ）、屋根の雪下ろし
4.3	やや速歩（平地、やや速めに＝93m/分）、苗木の植栽、農作業（家畜に餌を与える）
4.5	耕作、家の修繕
5.0	かなり速歩（平地、速く＝107m/分）、動物と遊ぶ（歩く/走る、活発に）
5.5	シャベルで土や泥をすくう
5.8	子どもと遊ぶ（歩く/走る、活発に）、家具・家財道具の移動・運搬
6.0	スコップで雪かきをする
7.8	農作業（干し草をまとめる、納屋の掃除）
8.0	運搬（重い荷物）
8.3	荷物を上の階へ運ぶ
8.8	階段を上る（速く）

【出典】厚生労働科学研究費補助金（循環器疾患・糖尿病等生活習慣病対策総合研究事業）「健康づくりのための運動基準2006改定のためのシステマティックレビュー」
（研究代表者：宮地元彦）

表2-3　運動・スポーツにおけるメッツ

メッツ	3メッツ未満の運動の例
2.3	ストレッチング、全身を使ったテレビゲーム（バランス運動、ヨガ）
2.5	ヨガ、ビリヤード
2.8	座って行うラジオ体操

メッツ	3メッツ以上の運動の例
3.0	ボウリング、バレーボール、社交ダンス（ワルツ、サンバ、タンゴ）、ピラティス、太極拳
3.5	自転車エルゴメーター（30～50ワット）、自体重を使った軽い筋力トレーニング（軽・中程度）、体操（家で、軽・中程度）、ゴルフ（手引きカートを使って）、カヌー
3.8	全身を使ったテレビゲーム（スポーツ・ダンス）
4.0	卓球、パワーヨガ、ラジオ体操第1
4.3	やや速歩（平地、やや速めに＝93m/分）、ゴルフ（クラブを担いで運ぶ）
4.5	テニス（ダブルス）、水中歩行（中程度）、ラジオ体操第2
4.8	水泳（ゆっくりとした背泳）
5.0	かなり速歩（平地、速く＝107m/分）、野球、ソフトボール、サーフィン、バレエ（モダン、ジャズ）
5.3	水泳（ゆっくりとした平泳ぎ）、スキー（ゆっくり）、アクアビクス
5.5	バドミントン

メッツ	
6.0	ゆっくりとしたジョギング、ウェイトトレーニング（高強度、パワーリフティング、ボディビル）、バスケットボール、水泳（のんびり泳ぐ）
6.5	山を登る（0〜4.1kgの荷物を持って）
6.8	自転車エルゴメーター（90〜100ワット）
7.0	ジョギング、サッカー、スキー（速く）、スケート、ハンドボール
7.3	エアロビクス、テニス（シングルス）、山を登る（約4.5〜9.0kgの荷物を持って）

メッツ	8 メッツ以上の運動の例
8.0	サイクリング（約20km/時）
8.3	ランニング（134m/分）、水泳（クロール、ふつうの速さ、46m/分未満）、ラグビー
9.0	ランニング（139m/分）
9.8	ランニング（161m/分）
10.0	水泳（クロール、速い、69m/分）
10.3	武道・武術（柔道、柔術、空手、キックボクシング、テコンドー）
11.0	ランニング（188m/分）、自転車エルゴメーター（161〜200ワット）

【出典】厚生労働科学研究費補助金（循環器疾患・糖尿病等生活習慣病対策総合研究事業）「健康づくりのための運動基準2006改定のためのシステマティックレビュー」
（研究代表者：宮地元彦）

そして運動のエネルギー消費量を算出したら、反対に摂取する、すなわち食物からのカロリー摂取量との兼ね合いを見るとよい。カロリー一覧はネット上でもすぐに見つかる。以下、少し例をあげる。

食物の例（店/量にもよる）：ハンバーガー　　約　280kcal
　　　　　　　　　　　　　　醤油ラーメン　　約　500kcal
　　　　　　　　　　　　　　カレーライス　　約　700kcal
　　　　　　　　　　　　　　かつカレー　　　約1,000kcal
　　　　　　　　　　　　　　かつ丼　　　　　約　900kcal
　　　　　　　　　　　　　　ギョーザ　　　　約　570kcal
　　　　　　　　　　　　　　ショートケーキ　約　320kcal
　　　　　　　　　　　　　　フルーツパフェ　約　620kcal

消費と摂取の比較をすると、食べれば簡単にその分のカロリーを取り入れてしまうが、その分を運動で消費するのは相当時間がかかることが理解できる。食べたら動く、動かないならその分は食べるのを控えることの均衡性が大切である。

（5）１日のエネルギー消費量を算出しよう

次の順番に従い、ある１日のエネルギー消費量を算出してみよう。

① 基礎代謝量の算出

自分の体重（kg）× 表２-１の基礎代謝基準値 ＝ 私の基礎代謝量　kcal/日

② 自身のある１日24時間の生活を図２-４のように白紙にメモする。深夜０時から始めるとわかりやすい。本来１分単位で記入するが、大変なので15分単位で生活をまとめていく。15分単位にすると楽なのは、その後に時間単位に変換するのに0.25h、0.5h、0.75h、１hとなり、小数点以下が長くなるような端数がでないからである。

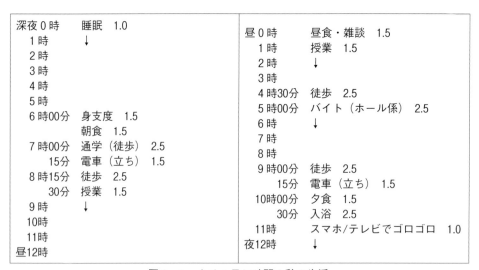

図２-４　ある１日24時間の私の生活

③ 表２-４の５つのカテゴリー「安静、立つ、歩く、速歩、筋運動」に自身の生活動作の細目をまとめ直す。５つのカテゴリーに落とし込む。図２-４の各動作の右側に「1.0　1.5　2.5」などと書いてある数値が、その動作の強度を意味している。

④ 表２-５のように５つのカテゴリーそれぞれの時間を記入し、合計時間が24時間になるのを確認する（１日24時間にならない場合にはどこかに間違いがあるので再チェックする）。そして、AFと時間の掛け算をして一番右に示し、たてにその数値をすべて合計する。この例では38.25である。

最後に、この合計（38.25）を24時間で割り、１時間当たりの係数を算出する。この場合には、38.25 ÷ 24 ＝ 1.594 ➡ この日の生活活動強度/１時間当たり

表2-4　各動作における活動強度（Activity Factor：AF）

安静（安静レベル）指数　1.0 　　睡眠、横になる、ゆったり座る
立つ（低いレベル）指数　1.5 　　休憩、談話、教養（読む・書く・描く・見る）、食事、家での料理、 　　身支度、デスクワーク、車の運転、楽器演奏　など
歩く（やや低いレベル）指数　2.5 　　歩行、家事、清掃、育児、入浴、バレーボール、ゴルフ、ボウリング、 　　キャッチボール、ホール・キッチンでの作業　など
速歩（適度なレベル）指数　4.5 　　速歩、階段昇降、草取り草刈り、ダンス、ハイキング、荷物運搬、 　　サイクリング、スキー、ボート、カヌー　など
筋運動（高いレベル）指数　7.5 　　坂道での荷物運搬、木の伐採、土堀作業、バスケットボール、 　　ラグビー、サッカー、ジョギング、柔道、剣道、水泳、 　　ウエイトトレーニング、縄とび、スケート　など

表2-5　5つのカテゴリー（AF）のそれぞれの時間と積と合計

レベルAF				合計時間		
安静（安静レベル）	1.0	×	7.00h	=	7
立つ（低いレベル）	1.5	×	11.25h	=	16.875
歩く（やや低いレベル）	2.5	×	5.75h	=	14.375
速歩（適度なレベル）	4.5	×	0h	=	0
筋運動（高いレベル）	7.5	×	0h	=	0
合　計			24h	=	38.25

⑤　最後に自身の基礎代謝量にこの生活活動強度を掛けると1日のエネルギー消費量が出る。

たとえば、基礎代謝量1,200kcalで前述の生活活動強度1.594なら、

$$1,200 \times 1.594 = 1,913kcal \blacktriangleright 1日のエネルギー消費量$$

となる。以上のステップを踏んで、ある典型的な自身の1日のエネルギー消費量を算出してみよう。もちろん、このタイムスタディ法は誤差が当然あるし、15分刻みなのでその分のずれもある。しかし、大まかには自身のエネルギー消費量を把握できるので、部活やバイト等あって忙しい日、そうでない日のも合わせて計算するとよい。

この作業の中で、5つのカテゴリーの中で「速歩、筋運動」に相当する時間がほとんどないことに気づくだろう。ということは、体を動かすために意図的にこうした時間をつくることが大切であることを示している。

【参考文献】

（1）上岡洋晴．運動処方の基本となる生理学．理学療法 2000；17：338-341．

（2）湊久美子，寺田新（編），樋口満監修．栄養・スポーツ系の運動生理学．東京：南江堂；2018．

（3）上岡洋晴．運動とエネルギー代謝．In：上田伸男，矢野博己共編．健康づくりの新・運動生理学．東京：アイ・ケイ・コーポレーション；2021．p.47-57．

（4）厚生労働省．日本人の食事摂取基準（2020年版）．「II．各論　1．エネルギー・栄養素」．入手先 https：//www.mhlw.go.jp/file/05-Shingikai-10901000-Kenkoukyoku-Soumuka/0000083871.pdf 参照 2022-6-25．

（5）厚生労働省．健康づくりのための身体活動基準2013．入手先https：//www.mhlw.go.jp/stf/houdou/2r9852000002xple-att/2r9852000002xpqt.pdf 参照 2022-6-25．

3．健康的な生活のための行動科学

（1）人の生活習慣は変えにくい

　だれもが日常生活は一定のパターンや特徴をもっている。年長になるほど、身についている習慣を変えることは難しい。仮に健康に良くない行動であったとしても、正論はなかなか通じない。たとえば、長年の喫煙者に「タバコは体に悪いのでやめた方が良い。」と説得しても、「そんなことは（子どもでも）わかっている。タバコが好きだし、ストレス発散になるから吸っている。法律で禁じられているわけでもなく、むしろ国に税金をたくさん納めているのだから文句はないだろう。」という回答する人も少なくないだろう。

　この例は、良好な健康行動に移るという準備段階にないことを意味し、正論でのアドバイスはむしろ逆効果である。「禁煙、すなわち健康的な行動に変容させることでどのように自分自身にメリットがあるのかを納得してもらうか」が重要である。運動習慣がない人に、定期的に運動するようになってもらうのもまったく同じ考え方である。

（2）行動変容モデル

　人はこだわり、感情、プライドがあり、これらを考慮して望ましい健康的な行動へと導く必要がある。それに大いに寄与するのが心理学・行動科学からのアプローチである。具体的には行動変容モデルと称され、5つの段階から対応策を講じていく手法である。運動の心身への重要性は他項でも詳細に記載しているとおりだが、運動を定期的に行う（授業以外で）ことを目標とした場合、人それぞれが現在の状況に応じてどのような対策が必要かをモデル化したのが表2-6である。

　行動変容モデルには「無関心期」、「関心期」、「準備期」、「実行期」、「維持期」の5段階がある。読者はどの段階だろうか？たとえば、「関心期」だったとすれば、授業以外にウォーキングを始める、ヨガを始める、トレーニングルームに通い始めることで、その後（数カ月後、1年後など）にどのように自分が変化して良い思い（メリット・お得）をしているかをイメージすることが最初になる。それには具体的にどのように取り組んでいくのか、すなわち運動の内容、強度、時間、頻度を決めていく。わからない場合には教員やトレーニングルームのスタッフなどに相談するとよい。筆者自身は10年以上定期的に運動している維持期にあり、むしろ運動することがポリシーとなっているので、けがや大病を患うなどしない限りは中止するという行動変容はないだろう。このように自身の段階に応じて、メリットやお得感、たとえばかわいい服を着られるようになるとか、成人式ですっきりした自分を見せたいなど、自身にとっての良いイメージを持つことで新たな行動へと結びつけることがポイントである。

表2-6 運動における行動変容の定義・段階と対応策（厚生労働省の表に介入の具体例を追記）

段階	無関心期	関心期	準備期	実行期	維持期
定義	わたしは現在、運動をしていない またこれから先（6カ月以内）もするつもりはない	わたしは現在、運動をしていない しかし、これから先（6カ月以内）に始めようと思っている	わたしは現在、運動をしている しかし、定期的*ではない	わたしは現在、定期的*に運動している しかし、始めてからまだ間もない（6カ月未満）	わたしは現在、定期的*に運動をしている また、長期（6カ月以上）にわたって継続している
対応策	●意識の高揚：運動のメリットを知る ●感情的経験：このままでは「まずい」と思う ●環境への再評価：周りへの影響を考える	自己の再評価：運動不足の自分をネガティブに、運動をしている自分をポジティブにイメージする	自己の解放：運動をうまく行えるという自信を持ち、運動を始めることを周りの人に宣言する	●行動置換：不健康な行動を健康的な行動に置き換える（例：ストレスに対してお酒の代わりに運動で対処する） ●援助関係：運動を続ける上で、周りからのサポートを活用する ●強化マネジメント：運動を続けていることに対して「ほうび」を与える ●刺激の統制：運動しやすい環境作りをする	
介入の具体例	運動の実施によって、自身にとって、かなりお得となる事項を理解してもらう、とくにテーラーメイドでの介入が必須、正論だけの教育啓発は逆に反発を招くだけである	運動するチャンスや方法、コツを提供する	継続することで、変身（改善・良好な状態となる）する自分を明確に想像してもらう	変身（改善・良好な状態となる）する自分を明確に想像してもらう	特になし

（注）＊ここでいう定期的な運動とは週3回以上、運動時間が20分以上のことを指す。

（3）定着化させるための行動変容技法

　人の意思はだれしも弱いものである。きついこと、つらいこと、面倒なことは長続きしにくい（3日坊主）。たとえば、せっかく定期的に運動することを開始したのに、「今日はレポートが忙しいからやらない。」、「天気がよくないからやらない。」、「ご飯を食べていないからやらない。」、「今日は気分が乗らないからやらない。」など、やめる理由をつけたくなるものであり、これまた皆同じ傾向にある。これらに打ち勝ち、運動の継続をより強固なものにするのには表2-7の行動変容技法が大いに役立つ。

　目標設定では、多くの人が高い目標を掲げすぎてしまい、それを達成できないがために中止することが極めて多い。たとえば、「毎日ジョギングを5kmし、2週間で2kgやせる。」などである。3日坊主になっては意味がないわけで、小さい目標を設定し、成功体験を積み重ねることが継続に繋がる。よって、先の例を「週3日、ジョギングを2km、2カ月0.2kg減量」というようにハードルをぐっと下げる。こうする

と2週間後は目標を達成でき、ならばさらに2週間続けようという気持ちになるからである。キーは、小さい目標を設定し、達成・成功を積み上げることである。

　セルフモニタリングは、努力の跡を記録する、いわゆるプログレス・ポートフォリオである。日々の走行距離や実施した時間等を記録し、振り返ってこんなにがんばってきたのだから続けようという気持ちにさせてくれる。スマホのアプリでも、エネルギー消費量や歩行距離など過去の履歴が残るものもあり、取り入れやすいツールである。血圧が高い人などが朝晩の血圧の数値をグラフや表に記載し続けているのを祖父母、年長の親類、あるいはテレビで見たことがあるだろうが、これもセルフモニタリングの一種である。血圧がどれだけコントロールされているかの推移を把握するとともに、毎日しっかり計測するという継続性に役立っている。

　反応妨害法は、色々な理由をつけて中止するのを妨げるもので、「たとえバイトやレポートが忙しくても10分間だけは実施する。」とか「雨が降っていても1kmぐらいはウォーキングする。」など、完全にやらないという日をつくらない手法である。中止、中止が続くと、完全にやめてしまうことへ繋がる傾向にあり、これを断ち切る効果がある。大切なのはほんの少しだけでも実施するということである。

表2-7　定期的な運動を定着させるための行動変容技法

No.	項目	ポイント	具体例（私・俺流で，整理しておく）
1	目標設定 （成功体験）	短期に達成できそうな小さいものからスタート 中期的にも達成できそうなものにする	・最初の週は8,000歩/日からスタート ・週当たり100gの体重減少
2	セルフモニタリング （成果の確認）	実施記録や体重の変動などをグラフ化する 成果や努力の跡の確認ができ、自信につながる	・体重や体脂肪率の変化 ・走行距離や歩数などの記録
3	反応妨害法	面倒・忙しいので今日は中止という気分を除かせる	・後で罪悪感を抱きたくない ・これまで実施してきたのだからできる ・計画どおりでなくても、数分間だけでも実施する
4	ソーシャル・サポート （孤独感をなくし協力体制）	家族や友人などの協力を得る 周囲に激励してもらう	・朝起こしてもらう ・一緒に実施する
5	強化法 （ごほうび）	他者に褒めてもらったり、自分自身へのほうびを与える	・年長者でも褒めてもらうことは動機づけになる ・短期目標が達成できたら、好きなデザートを食べるなど
6	再発防止法	実施してきていることを成果を確認して、中止しないための定期的な方策を講じる	・定期健康診断を受け、検査値の改善努力を確認する ・各種イベント（市民マラソン大会）などに参加する

ソーシャルサポートは、家族や友人などに宣言することで協力してもらう体制をつくることである。これにより、背中を押してもらうことに繋がるし、孤独感もやわらぐ。家族や友人と一緒にできるなら、より強力になる。

　強化法は、自分自身へのご褒美のことである。人はいくつになっても褒められることは嬉しいし、モチベーションのアップに繋がる。たとえば、「1週間がんばったら好きなスイーツを食べられる。」など、がんばった自分へのささやかなご褒美を与え、鼓舞するということである。ちなみに、筆者は「がんばったら大好物のビールを飲める。」という大人の設定をしている。

　再発防止法は、定期的にイベントに参加して改めて体を動かせる喜びを感じたり、また対戦する、あるいは大会・レース・コンテスト・練習会などに参加することを仲間同士しで約束したりすることが含まれる。次へ、未来へ繋げるための約束とも位置づけられるだろう。

　人によってスポーツ・レクリエーション・運動の好みは異なるので、自分に適したものを見つけ、紹介した技法を取り入れて少しずつ着実に実践するようになることを期待したい。

【参考文献】
（1）厚生労働省ホームページ. E-ヘルスネット：運動行動変容について. 入手先 https：//www.e-healthnet.mhlw.go.jp/information/exercise-summaries/s-07 参照 2022-6-15.
（2）上岡洋晴. 生活習慣の定着：行動変容. In：上田伸男, 岸恭一, 塚原丘美編著. 運動と栄養. 東京：講談社；2013. p.186-190.

４．体重コントロールと減量（ダイエット）

（１）体重コントロールがなぜ必要か

　健康を保つ上で、あるいは競技スポーツをする上では、適正と考えられる体重を維持することが重要である。後者においては、厳密に体重での階級制度があるボクシング、柔道、レスリング、ウエイトリフティングなどはそれに従わないと出場できないので絶対的数値目標となる。またマラソンなどの長距離走などでは、体重が重いとパフォーマンスに悪影響を及ぼすし、相撲、ゴルフ、アメリカンフットボール、ラグビーなどでは、一定の体重によって逆により力を発揮できるような種目もある。このように競技スポーツは、種目によって適正体重の考え方が大きく異なるので、ここでは健康の観点から体重コントロールの必要性を述べる。

　太りすぎる、すなわち肥満については、各種の生活習慣病・メタボリックシンドロームを引き起こすことは想像できるだろう（第２章５「生活習慣病を防ぐには」で解説）。心臓病や脳卒中などの生死にかかわる病気になったり、動脈硬化をもたらし、生活に支障をきたす病気にもなり治療を一生し続けなければならなくなることも少なくない。お金も時間も奪われることを意味している。

　一方、やせすぎること（低体重）においても問題がある。貧血が生じたり、体が冷えやすくなるほか、とくに女性における悪影響が大きい。骨がスカスカになる骨粗鬆症になるリスクの増大、その後の出産にも関わる卵巣・月経機能の低下、低出生体重児の出産リスク増大、高齢になって要介護状態（フレイル、サルコペニア）になりやすくなるなど多岐にわたる。

　このように考えると、太りすぎもやせすぎも好ましくないことになり、どこかに適正な範囲の体重というものがあるのではないかということになる。

（２）体格指数

　一般人においては適正体重の範囲を体格指数（Body Mass Index：BMI）でみる。式は次のように簡単で電卓やスマホの電卓機能を使えばすぐに計算できる。気をつける点は身長の単位はcmではなく、「m」ということである。

$$BMI ＝ 体重（kg）÷ 身長（m）÷ 身長（m）$$

たとえば、身長160cmで体重が55kgの人の場合は、

55 ÷ 1.60 ÷ 1.60 ＝ 21.484 ➡ 21.5

自身の身長と体重を入れてこの場で計算してみよう。

私のBMI_____＝ 体重_____（kg）÷ 身長_____（m）÷ 身長_____（m）

　日本肥満学会では、このBMIの数値ごとに肥満度の判定基準を設けている（表2-8）。結論的に18.5〜24.9までが概ね適正な体重と考えることができる。自身の数値はどこに入っているだろうか？肥満の人はダイエット、低体重の人は筋肉や骨を増やすことを検討する必要があるかもしれない。ただし注意を要する点は肥満（1度）の範囲内でもぎりぎりのところ、あるいは低体重の範囲のぎりぎりのところでは問題があるとは言い切れないので一喜一憂しないでいただきたい。

表2-8　肥満度の判定基準（日本肥満学会、2016）

BMI（数値の範囲）	肥満度の判定
18.5 未満	低体重
18.5 以上 25 未満	普通体重
25 以上 30 未満	肥満（1度）
30 以上 35 未満	肥満（2度）
35 以上 40 未満	肥満（3度）
40 以上	肥満（4度）

（3）減量の定義と体脂肪率

　同じ身長（170m）と体重（75kg）の2人がいたとして、片方はバリバリのスポーツ選手、もう片方は運動や動くことが嫌いな一般男性成人だとする。BMI 26.0ということで表2-8からすると、2人とも肥満（1度）ということになる。しかし、骨や筋肉が多くて重いことと、脂肪が多くて重いことは意味合いが違う。この例では、恐らく前者は筋肉質だろうし、後者は肥満ぎみだろうということで、中身が違うことが想像できるだろう。これを明らかにするのに体脂肪率を測定する。もし、前者の体脂肪率が肥満の範囲内でないならば、「過体重」と称し肥満とは異なる。

　体脂肪率は、体脂肪計で測定するが今では家電店に行けばかなり安価で販売されているし、かなり普及してきているので自宅にある人も多いだろう。体脂肪率による肥満の目安としては、男性では体脂肪率20%以上、女性では30%以上とされている。体脂肪が20%ということは、体重にしめる脂肪の割合が20%ということで、先の例でいうと75kgの人なら、15kgが脂肪、残りの50kgが筋肉・骨など（除脂肪組織）と2分

割して捉える。

　ところで、もし減量をするとしたらそれには定義がある。減量とは「単に体重を減少させることではなく、除脂肪組織（筋肉や骨など）を維持・増加させつつ体脂肪だけを減少させること」である。体重は文字どおり、体全体の重さであり、その中でとくに重要な骨（フレームだけでなく、造血や免疫細胞をつくる）や筋肉（骨格筋だけでなく内臓を含む）を減らしてはならない。よって太り気味なら、脂肪を減少させることが重要であるとわかる。それには、体重計での重さだけでなく、前述の体脂肪率がどれだけ減少したかを指標にすべきである。

（4）食事制限だけでのダイエット*の落とし穴

　運動を一切せず、食事量を減らすだけのダイエットを行うと骨や筋肉を減らしてしまう可能性が高い。リバウンドがあったとすると脂肪を増加させている可能性も高いという大きな危険が繰り返されている。

　図2-5は架空の例だがある人が減量を行った際の体重の推移である。運動は嫌いなので、食事制限だけの方法を用いた。これまで6カ月間で3回チャレンジし、一時的には2kg減ったが途中で断念して毎回リバウンドして＋2kg増えてしまった。その繰り返しなので、トータルは±0kgである。ありがちなパターンである。

　（注）＊ダイエットは食事という意味もあるが、ここでは減量の意で用いる。

	10月	11月	12月	1月	2月	3月
体重						
55kg						
53kg	↓	↑	↓	↑	↓	↑

図2-5　食事制限だけでのダイエットでのリバウンド例

　±0であってもここには大きな問題を発生させている。運動を伴わない食事制限だけのダイエットにより、毎回＋2kgリバウンドで戻る分は骨や筋肉が増えるわけではなく脂肪が大部分を占める。一方、毎回 −2kgの減少分は骨や筋肉が大部分をしめる。繰り返しになるが運動をしていないからである。単純にまとめると次のとおりである。

　　　↓↓↓　＝　−6kg　筋肉や骨　　　　　　↑↑↑　＝　＋6kg　脂肪

すなわち、重要な筋肉や骨を６kg減らし、不要と思っていた体脂肪を６kg増やしてしまった結果となり、でも体重では変わらない、ということだ。脂肪が６kgとは２Lのペットボトル３本分の脂肪がつき、骨や筋肉が同じ量減ったということは大変恐ろしいことだと気づくだろう。

　よく中年の人が若いころは引き締まっていたが、「筋肉が脂肪に変わった」という話を耳にする。直接、筋肉が脂肪に変化することではなく、前述の機序を経ているのである。同じように中年女性においても、だんだん痩せにくい体になってきている、という話も聞くが、これも前述の例だと考えられる。若いころと同じ体重50kgだとしても、体の中身（身体組成）が筋肉ではなく脂肪過多になり代謝が下がっているのだから、やせにくいのは当然である。ちなみに筋肉が多いと基礎代謝は高まり、筋肉が減ると下がる。

　このように食事制限だけのダイエット、さらにリバウンドを繰り返すと身体組成を大きく変化させ、その後に太りやすく、やせにくい体になる。ダイエットを繰り返すほど悪化する。さらに、食事制限だけの問題点・リバウンドを繰り返すことの健康問題として、ウエイト・サイクリング（体重増減の繰り返し）は心臓血管系の合併症を引き起こすリスクも高める。

　こうしたことから一般人のダイエットにおいては、長期間で運動を用いて食事制限は最小限にとどめ（明らかな過剰摂取分のみ）、リバウンドしないことに主眼を置くべきである。これにより、減量の定義で示したように運動をするので「骨や筋肉を維持しながら、脂肪のみを減らすことができる」からである。

（5）運動療法によるダイエットの基本的考え方

　ポイントは、実にシンプルで次の２つである。

　ただし、一度に一気に行うと負担も大きすぎてドロップアウトにも繋がるので、少しずつ強度や量を増やしていくことが重要である（第４章「身近でできるトレーニング」で詳細説明）。

（ア）脂肪を燃焼させるために、一定時間（20分以上）低強度で行う有酸素性運動を行う。
　　　典型例：ウォーキング・散歩、ジョギング、ゆっくりとした水泳、サイクリング、ダンスなど

（イ）基礎代謝を高め太りにくい体にするために強い力を発揮するような無酸素性運動（筋トレ）を行う。
　　　典型例：自重やペットボトルなどを用いた筋トレ、マシーンやフリーウエイトでの筋トレなど

　前述の典型例だが、これだけに限らず他のスポーツ・運動も当然、エネルギー消費を伴うし、有酸素・無酸素性運動のハイブリッド型がほとんどなので、自身にとって続けられそうな種目を選んで行うことが重要である。

　（ア）に関して、なぜ有酸素性運動は体脂肪を減少させるのに効果的かというと、次の化学式を見ればわかる。

＜理由：脂肪燃焼には多くの酸素を必要とする＞

１モルを燃焼させるためには、

　　　糖質の場合　$C_6H_{12}O_6$　＋　$\underline{6\,O_2}$　⇨　$6\,CO_2$　＋　$6\,H_2O$

　　　脂肪の場合　$C_{57}H_{110}O_6$　＋　$\underline{81.5\,O_2}$　⇨　$57\,CO_2$　＋　$55\,H_2O$

　以上のように、糖質は６モルの酸素だが、脂肪は81.5モルの酸素が必要ということである。脂肪÷糖質＝81.5÷６＝13.6倍の酸素が必須である。

　換言すると、大量の酸素を摂取しないと脂肪を燃焼させられないので有酸素性運動が効果的なわけである。

　（イ）に関して、なぜ筋トレなどの無酸素性運動は太りにくい体になるのか

＜理由：基礎代謝が高まる＞

　表２-９は基礎代謝における身体器官別の割合である。基礎代謝の約４割が骨格筋であり、骨格筋が多いほど代謝が高まる。筋肉を増加させることで太りにくい体になる。逆に前述の例のように、筋肉を減少させてしまうと代謝が下がって太りやすい体になってしまう。

表２-９　基礎代謝における身体器官別の割合
（一般成人、1,200kcalの人の場合として）

ランキング	器官	割合（％）	消費熱量（kcal／日）
1	骨格筋	38.0	456
2	肝臓	12.0	149
3	胃腸	7.6	91
4	腎臓	7.5	90
5	脾臓	6.3	76
6	心臓	4.4	53
7	脳	3.0	36
―	その他	21.2	254

（6） ダイエットのためのプランニングシート活用の推奨

　無理なく確実なダイエットを行うには、科学的かつ現実に即した計画づくりが重要である。実際にメタボリック・シンドロームの人などを対象に保健指導がなされるが、その内臓脂肪減少のためのエネルギー調整シートが参考になる。運動を中心に食事の改善も組み合わせるものである。図2-6は具体的なダイエット計画の基本となるプランニングシートである。

① 　まず自身の身長、体重、BMI、ウエスト囲などを書き出す。
② 　目標にしたい体重やウエスト囲を設定して、現状との引き算をする。
　　➡ウエスト囲1cm減少＝体重1kg減少＝-7,000cal　と仮定する。
　　すなわち、1cm減少、1kg減少には、7,000kcal必要なことを意味する。
③ 　何カ月後にそれを達成するかの月数を入れる。
④ 　②の減らしたい分×7,000kcal÷その月数÷30日とし、1日当たりのエネルギー量を算出する。
⑤ 　【補正】もし1年で□kgあるいは□cm増えたのなら、それに7,000kcalを掛け、365日で割ると、1日当たりで現在摂りすぎているエネルギー量がわかる。
⑥ 　補正が不要なら④の値を、補正が必要なら④と⑤を足して1日のエネルギー消費量と摂取制限量を検討する。
⑦ 　自分自身で現実的に可能な配分を運動と
⑧ 　食事分で示す。

計算例：体重3kg（あるいはウエスト囲3cm）を3カ月間でダイエットしたい場合（補正はなし）
　　　　3kg（cm）× 7,000kcal ÷ 3カ月 ÷ 30日 ＝ 233 kcal/日

　毎日233kcal分の運動実施、もしくは、その数値になる運動と食事制限の組み合わせが必要ということである。たとえば、体重70kgの人で運動（ジョギング）だけでこの数値を消費するとしたら、メッツの計算にて、
　70kg × 7 メッツ × 0.5時間 × 1.05 ＝ 257 kcal　でほぼこの値になる。

　ここで注意を要するのが、1日では233kcalでも毎日の意味であり、もし雨で1日実施できなかった場合は倍の466kcal翌日行わないと帳尻が合わなくなること意味している。2日、3日さぼると、当然その分が上乗せされる。そう考えると、1日当たりのノルマは小さいに越したことがなく、とするならば長期間での目標設定とすることが現実的なことがわかる。前述の例で、3カ月ではなく倍の6カ月でチャレンジするなら、1日当たりのノルマは117kcalとかなり軽減されることになる。こうしたことからも、無理のない長期での実施が推奨される。

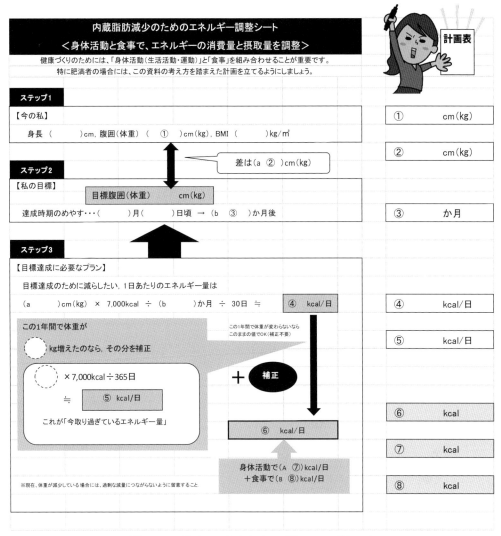

図2-6　ダイエットのためのプランニングシート

（7）商業ベースの広告にだまされない

　ダイエットに関するテレビやネット上でのコマーシャルをよく目にする。消費者に誤解を与えたり、不適切な表現のものが少なくない。表2-10は減量産業の広報活動の諸問題をまとめている。いとも簡単にダイエットできるということは科学的にありえない。もし、そうなら世界中の肥満の人が希求する方法であり、ノーベル賞級である。すべて適度な運動と食事の組み合わせにより実現することから目を背けてはならないし、だまされてはならない。

表 2-10　減量産業[*]の広報活動の諸問題

1	●再現性が確かめられていない 効果については事例報告（before, after）がほとんどで大人数での臨床試験を行っての統計学的手法を用いた表示がほとんどない （たとえば成功した例は1,000人中、その1人だけだったかもしれない）
2	●他の要因による影響を無視している たとえばエステで100万円払ってダイエットに成功したとする するとそのエステ企業は「エステの効果」という表現をし、実は多額の金額を支払ったのだから成功させようと、運動や食事制限を相当努力したのかもしれない つまり、この努力が主たるものであった可能性があるが、それをメインにはしない
3	●効果のメカニズムの説明が曖昧である メカニズム説明が不十分なことが多い
4	●体への悪影響を無視している ダイエットのみに固執しており、その手法によって生じる様々な体への悪影響・副作用について記述しているものは少ない
5	●学術報告がほとんどない 本当に効果の高い手法なら論文にしたり、専門の学会で発表したりして、有識者の批評を受け、認めてもらうべきだがほとんどなされていない

（注）[*]消費者にダイエットを勧誘する業界についての一般論である。
　　　上述について適正な記述をしている企業もある。

【参考文献】

（1）厚生労働省ホームページ. E-ヘルスネット：メタボリックシンドローム・肥満. 入手先 https：//www.e-healthnet.mhlw.go.jp/information/dictionary-summaries/m-obesity 参照 2022-6-15.

（2）日本肥満学会. 肥満症診療ガイドライン2016. 東京：ライフサイエンス出版；2016.

（3）上岡洋晴. 減量を目的とした運動の生理. 理学療法 2000；17：516-520.

（4）井上修二，上田伸男，岡純監修. 肥満とメタボリックシンドローム・生活習慣病. 東京：大修館書店；2011.

（5）上田伸男，矢野博己. 健康づくりの新・運動生理学. 東京：アイ・ケイ・コーポレーション；2021.

5．生活習慣病を防ぐには

（1）生活習慣病とは

　生活習慣病は、明確な基準はない。一般には文字どおり日常生活の送り方に起因する病気の総称のことである。とくに、食事や運動、休養、喫煙、飲酒などの生活習慣が深く関与している。日本における死因の上位である、がん、心臓病、脳卒中などが含まれるし、直接の死因にはならないまでも肥満、２型糖尿病、脂質代謝異常、高尿酸血症、慢性閉塞性肺疾患など多岐にわたる。

　「習慣」とあるように、人の生活の習慣は長い間をかけて定着していることが多く、変容させるのは簡単ではない。子どもの頃から深く根付いていることも多い。たとえば、「運動が嫌いなので運動しない」、「緑黄色野菜は嫌いなので食べない」、「マヨネーズをたっぷりつけて食べるのが好き」、「魚やたまご、豆類は嫌いでたんぱく質としては肉しか摂らない」など、身近な例を挙げれば理解できるだろう。

　表2−11は悪い生活習慣が引き起こす可能性のある疾患の例である。食習慣では食べ過ぎ、偏食（肉ばかりで野菜を食べない、レトルト食品ばかり食べている、菓子類ばかり食べている）などによって、各種疾患のリスクが高まる。

　ここで２型糖尿病（生得的な１型とは異なり、生活する中で後天的に生じる病気）の解説をする。食事をすると血糖が高くなりすぎるのをコントロールするために膵臓のランゲルハンス島からインスリンが分泌される。そのインスリンの効き目が弱くなったり（インスリン抵抗性）、インスリン自体が出にくくなるのが糖尿病である。そのため高血糖状態が続くものである。この病気はそれ自体というよりは、引き起こされる合併症が大きな問題で、高い血糖状態が続くと体中の血管を傷つける。たとえば網膜症で失明、腎臓の機能が著しく低下して人工透析（血液をきれいにする治療を必ず週３日）などへと進行する。また、画びょうを足で踏んでも痛いと感じなくなるような末梢神経障害と、末梢血行障害（血流が悪くなり手足のけがが治癒しない）が起こり、ちょっとした傷が化膿して治らず、壊疽（えそ）により切断しなければならない事例も少なくない。

　日本は慢性的な運動不足、暴飲暴食、偏食などが主たる原因で、２型糖尿病患者やその予備軍が急増している。改めて自分の食事を見直す必要があるし、運動と食事は表裏一体の関係にあるので、「食べたら動く」、「あまり動かないときは食べ過ぎない」というエネルギー出納の関係が重要なのがわかる。

　喫煙は体に悪いことは小学生でもわかっていることだろう。肺がんリスクが高くなることは保健の授業でも勉強しているだろうが、慢性閉塞性肺疾患（COPD）については、言葉としてあまり馴染みがないと考えられるので解説する。

　街中において、よく小さいカートに小型の酸素ボンベを積み、そこからチュウブが出ていて鼻につながっている年長の人が歩いているのを見かける。ほぼ間違いなくCOPDである。喫煙によって肺胞の機能が破壊されていて、散歩程度であっても酸素

を十分に摂取できず呼吸が困難になるため、小型の酸素ボンベとともに歩いているわけである。歩くことすら息苦しくなる、これが喫煙を長期・ヘビーに行った後の病である。きれいな肺を維持し、「当たり前の生活が息苦しくならないように」喫煙をしないことを強く推奨する。

　酒は百薬の長と称されることもあり、少量の酒は血行を良くしたり、精神的なリラックス感をもたらしたりなど良い面もある。しかし、大量飲酒は命にもかかわる急性アルコール中毒をもたらしたり、肝硬変、さらには肝臓がんになるリスクを高める。また、アルコール依存症になり、社会生活が送れないほどの悪影響をもたらすことがある。一般に同じ量を飲み続けた場合、男性よりも女性の方がはるかにアルコール依存症になりやすいことから女性はとくに注意が必要である。キッチンドリンカーといって、主婦が何気なしに台所でちびりちびり酒を飲み始めて、やがてそれが依存症へと進行する事例が多いことが知られている。20歳になって飲む機会も出てくるだろうが、一気飲みをしない、ほどほどに楽しむ程度に留めるなど、生死にかかわりうることにもなるので注意してもらいたい。

　少し話は脱線したが、表2-11の例の裏返しは、「良好な食習慣で、適度に運動をし、喫煙せず、飲酒を適度というような生活を送っていれば、一部例示したような疾患になるリスクが低くなる」ことを意味している。こう考えると、生活習慣を見直し、できることは直そうという気持ちに切り替えることができるだろう。

表2-11　生活習慣によって引き起こすリスクの高い疾患*の例

良好でない食習慣	2型糖尿病、肥満、高脂血症、高尿酸血症、心臓病、大腸がんなど
運動不足	2型糖尿病、肥満、脂質代謝異常、高血圧症など
喫煙	肺がん、心臓病、慢性気管支炎、肺気腫、歯周病など
過度な飲酒	アルコール性肝疾患など

（注）＊家族性の疾患は除く。

（2）メタボリックシンドロームとは

　メタボリックシンドローム（メタボ）は、通称「メタボ」で頻繁に使われる言葉であり、肥満＝メタボだと勘違いしている人が多い。また、生活習慣病と混同しやすいがメタボとされる疾患も生活習慣病に含まれている。メタボは測定・検査値による明確な基準がある。日本では、ウエスト周囲径（へその高さの腹囲）が男性85cm・女

性90cm以上で、かつ血圧・血糖・脂質の３つのうち２つ以上が基準値から上回るまたは下回ると「メタボリックシンドローム」と診断される。2005年に日本内科学会などの８つの医学系の学会が、合同してメタボリックシンドロームの診断基準を策定している。

　まずは内臓脂肪の蓄積があることが必須条件になるが、ウエスト周囲径が大きいということは、内臓への脂肪蓄積があることを意味する。ここで注意することが、一般に男性の方が女性よりも体が大きいので、前述の数値は逆だと思うかもしれないが、数値は正しい。この理由は、女性の場合にはウエストに脂肪が蓄積しても皮下脂肪の割合が多いが、男性の場合には内臓への脂肪蓄積がより多いことがわかっており、これは生物学的な身体組成（脂肪のつき方の特徴）である。皮下脂肪は健康面への影響は少ないが、内臓脂肪は多くの疾患を引き起こすことになるので問題視される。よって、男性85㎝・女性90㎝と厳しい線引きとなっている。単刀直入に言えば、男性はウエストサイズが高まり、ズボンが合わなくなってきたら要注意ということである。

 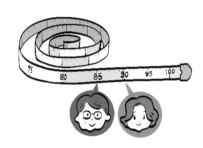

　前述のようにウエストが前提の必須条件になるが、次の３項目のうち２項目が該当するとメタボと診断される。

　　中性脂肪（トリグリセライド）かつ／またはHDLコレステロール
　　　　　　≧ 150mg/dL　／　＜ 40mg/dL
　　収縮期（最大）血圧かつ／または拡張期（最小）血圧
　　　　　　≧ 130mmHg　／　≧ 85mmHg
　　空腹時血糖　≧ 110mg/dL

（3）メタボは悪い生活習慣による根っこが充満

　高血圧、脂質代謝異常、２型糖尿病、肥満など、メタボ特有の病気になったとしよう。治療にあたっては、薬剤を用いるが必ず生活指導もなされる。なぜなら、地中に深く強力に張り巡らされた根は薬だけでは根治できないからであり、減塩、減量、食事内容の抜本的な変更、運動実施など、その人にとって問題となっている生活指導が併用される。

なぜか？子どものころ、学生など若いうちは、毎日焼肉食べ放題を1週間続けようとも、スイーツ食べ放題の店に毎日通おうとも、すぐにメタボのような病気にはならない。しかし、それは自身のからだの中で蓄積され、着実に地中の草の根のように見えないながら根付いている。たとえとして理解しやすいのは、その辺の草を思い浮かべてもらいたい。冬場は枯れて地表の表面上にはなくなるが、春になると一斉に芽吹き、急速に生育して梅雨時から夏にかけては草取りが大変になる。取っても取ってもすぐに出てきて成長する。これすなわち、地面の中に張り巡らされている根が残っているからであり、こちらを完全に取り除かなければまた次の年も確実に生えてくる。これはメタボ治療と同じことであり、いくら薬剤で表面上病気をたたいても、根っこたる生活習慣（ここでは内臓脂肪が過度）が根本にあるので焼け石に水、どうしても小手先だけでの治療にしかならず根治できないということである。

　図2-7がその概念モデルである。したがって、根本は好ましくない生活習慣でありその改善が最も重要である。そうすることで内臓脂肪の減少、すなわちウエストが減少してくると、薬剤の効きもよくなり、場合によっては薬剤量を減らしたり、治癒することに結びつく。

　ちなみに、メタボの関連疾患は仲が良く、1つ病気が出ると堰を切ったかのように他の疾患も次々に出てくる（合併）。最初は肥満だけかと思ったら、今度は高血圧、脂質代謝異常、2型糖尿病などの病気になりやすくなるというわけである。繰り返しになるが、好ましくない生活習慣の蓄積の根っこがあるのが悪の根源となっていることがわかるだろう。

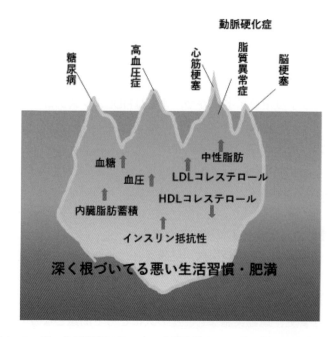

図2-7　悪い生活習慣は体の中で内臓脂肪として深く根づき疾患を発症

メタボは動脈硬化をもたらし、治療が必要となるばかりでなく、QOLに少しずつダメージを与えることになる。

【参考文献】

（1）厚生労働省ホームページ. E-ヘルスネット：メタボリックシンドロームの診断基準. 入手先 https：//www.e-healthnet.mhlw.go.jp/information/metabolic/m-01-003.html参照 2022-6-20.

（2）前掲書. 主な生活習慣病. 入手先 https：//www.e-healthnet.mhlw.go.jp/information/metabolic-summaries/m-05 参照 2022-06-26.

（3）塚原丘美. 疾病の予防と治療のための栄養・運動. In：上田伸男，岸恭一，塚原丘美編. 東京：講談社；2013. p. 158-180.

6．良好な睡眠をとるには

（1）睡眠は体と脳の眠り

　眠らない動物は存在しない。日常生活においては、体の疲労だけでなく脳も疲労する。その回復には一定時間の睡眠が必要であり、覚醒時に入ってきた多すぎる情報の一部を消去するとともに、重要な情報はしっかりと記憶するといった整理の時間とも考えられている。

　睡眠は健康体においては体内に備わった概日リズムにより制御されている。規則正しい生活を送っている人は完全なパターン化がなされ、夜一定時間に眠くなり、朝はほぼ同じ時刻に目が覚める。

　睡眠には大きく２つのサイクルがあり、「レム睡眠」と呼ばれる活発な眼球運動が生じる浅い眠りの時間帯と、「ノンレム睡眠」という深い眠りの時間帯により成り立っている。図2-8は睡眠時間におけるレム睡眠とノンレム睡眠の加齢変化の有名な図である。赤ちゃんは睡眠時間が長く、レム睡眠の時間帯の割合が多いが加齢とともに減少し、ノンレム睡眠の時間帯の割合が長くなることがわかる。

　レム睡眠は、「体の眠り」と称され、脳血流量の増大や代謝の亢進、神経伝達物質が増加するなど、脳は活発化傾向になるが、脳幹の支配によって骨格筋における筋活動は抑制される。また、覚えているかは別として夢を見ている状態にある。頭では手足を動かそうとしているのに麻痺しているかのようにまったく動かない状態であり、いわゆる金縛りもこの状態にあると考えられる。ノンレム睡眠は、「脳の眠り」と称され、脳の血流量や代謝も抑制され、記憶や学習内容の定着のために重要な時間帯とされている。

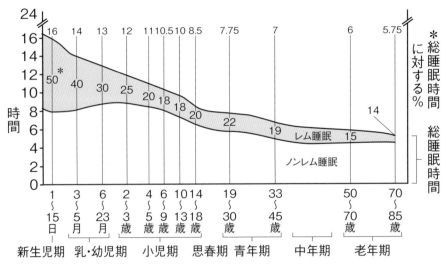

Roffwarg HP, et al. Ontogenic development of the human sleep-dream cycle. Science, 152: 604-19, 1966より作図

図2-8　睡眠時間におけるレム睡眠とノンレム睡眠の加齢変化

（2）成長を促し筋肉や骨を強化する役目

　睡眠とは、体と脳を休める時間帯である。一方、その間に日常の身体活動や運動・スポーツで傷ついた筋肉や骨などを再合成する役目もある。たとえばノンレム睡眠時には成長ホルモンが分泌し、とくに成長期においては長育（身長が伸びること）に寄与している。昔から「寝る子は育つ」といわれているがこれは事実である。成長ホルモンは成長期により多く分泌されるものの、成人になっても睡眠時に出るので寝ることはこうした点からも重要である。とくにスポーツや肉体労働をしている人は、筋肉や骨の回復のために睡眠をとくに大事にしなければならない。

（3）睡眠を阻害する因子

　睡眠不足になると、昼間に眠気が生じ、活動力が低下したり、注意散漫で自他に危険をもたらすことすらある。サラリーマンなどで仕事が忙しすぎ睡眠時間を削るしかなく睡眠不足に陥るような睡眠不足症候群、夜型の生活や交代勤務により生活リズムが一定でないことなどが複合的に関与して生じる概日リズム症候群などがある。ひどい場合には、傾眠といって昼間にがまんできないくらいの眠気がもたらされることもある。また昼間に一瞬の眠りに落ちるような状態にもなる。居眠り運転での交通事故がこの例として考えられる。

　肥満の人はいびきをかきやすいが、睡眠障害も起こりやすいことがわかっている。代表的なのは睡眠時無呼吸症候群である。これは「一晩の睡眠の中で10秒以上の無呼吸が30回以上起こる、または睡眠1時間当たりの無呼吸や低呼吸が5回以上起こること」と定義されている。無呼吸により、酸素濃度が低下することで不整脈や血圧上昇を誘発し、心筋梗塞や脳血管疾患などを発生させるリスクともされている。適切な睡眠時間をとっていても昼間に強い眠気があるような場合には、専門医に受診する必要があるだろう。

（4）より良い睡眠をもたらすには

　表2-12に快適な眠りを得るためのポイントを示した。規則正しい生活習慣は、睡眠に限らず体調を良好な状態に保つための基本である。日中は明るいところで活動的に過ごすことが大切である。睡眠を誘うメラトニンは十分に明るいところで過ごすと大量に産生されるので、反対に家に閉じこもって部屋を暗くしていたりすると夜に眠りにくくなる。一方、夜は電気を暗めにしてゆったりとすることがポイントであり、

ブルーライトをできるだけ見ない、心配ごとや不安なことなどは寝る前に考えないのも重要である。

　ところで寝酒といわれるようにごく少量の飲酒は問題ないが、大量の飲酒はノンレム睡眠を阻害して、深い眠りにつけないことがわかっていることから推奨できない。

表2-12　快適な眠りを得るためのポイント

できるだけ生活リズムを一定させ、規則正しい生活を送ることが第1である	
＜昼間＞	●適度に日光を浴び明るいところで過ごし、脳内にメラトニン（夜の睡眠を誘導する物質）がつくられやすくする ●昼寝はしすぎない（30分以内） ●適度な運動をする
＜夜＞	●寝る前の入浴はやや温めにして少し長めに入り、副交感神経優位にする 　（熱めの湯はかえって交感神経優位にさせ興奮状態になり眠りにくくする） ●パソコンやゲームなど、ブルーライトを見ないようにする ●部屋を暗くする ●寝る前には悩みごとや昼間にあった失敗・トラブルなどネガティブなことは考えない

【参考文献】

（1）厚生労働省ホームページ．E-ヘルスネット：行動変容ステージモデル．入手先 https：//www.
　　e-healthnet.mhlw.go.jp/information/exercise/s-07-001.html 参照 2022-6-15.

（2）上岡洋晴．睡眠のとり方．In：井上修二，上田伸男，岡純監修．肥満とメタボリックシンドローム・生活習慣病．東京：大修館書店；2011．p. 120-126.

（3）香山雪彦．睡眠．In：本郷利憲，廣重力監修．標準生理学第5版．東京：医学書院；2003．p.
　　429-435.

7．メンタルヘルスと運動

（1）メンタルヘルスとは

　メンタルヘルスは、日本語では精神的健康の意味であり、生活の質（Quality of Life：QOL）にとって極めて重要である。健康の定義である「肉体的にも、精神的に社会的にも」において、仮に肉体的・社会的に健康であっても、精神部分が健康とはいえない場合には、QOLにダメージを与える。またそれによって、肉体的には胃潰瘍、高血圧、腹痛、頭痛などの心身症へ、社会的にはひきこもり、無気力、攻撃行動などの不健康な状態へ移行させることもある。まさしく、心と体はひとつ「心身一元」であることがわかる。

　メンタルヘルスに影響を及ぼすのがストレスであり、だれもが様々なストレスにさらされている。現代社会においては、IT革命以降の特有の環境の変化があり、電子・デジタル化、ハイスピード化など便利なことが反対に人の生活を忙しくしているのも事実である。ストレスをすべて払拭することはできないが、ストレスと上手に向き合うことは可能である。

（2）ストレスの原因と適応

　ストレスの原因となるものをストレッサーと称する。それには気温（暑い寒い）、湿度（乾燥・湿気）、騒音などのような物理的なものや、病気による疼痛・症状・制限などの生理的なもの、職場や大学、家庭における人間関係による心理的・社会的なものなど多岐にわたる。

　そうしたストレスに対しては、解消するために闘争する防衛反応（ストレス・コーピング）、もしくはそれを回避しようとする逃避のいずれかが生じる。もし、ストレスに対応・適応できれば顕在的にも潜在的にも自信となり、以後、類似のストレスに対してもコントロールしやすくなる。しかし、失敗した場合には不適応となり、心身の不調を引き起こしてQOLを低下させることになる。逃避については一時的には回避できたが、その後に同じようなことが生じた場合、反対に逃げ癖がつき同じことを繰り返す。ストレスに対して、打ち勝ちやすい人とそうでない人はいるがこれが防衛体力の一部といえる（第1章2「体力とは何か」で説明）。

　たとえば、定期テスト、レポート課題、事業報告書の提出といったタスク自体がス

トレスだとすれば、闘争し、これを終了すれば一応完全に解消されることになる。反対に逃避でテストを受けない、提出しなければ一瞬は負担がないように見えるが、後悔やその後処理でさらに大きなストレスが降りかかってくる。このように考えると、一定期間で済むストレスであれば、当然、取り組むことが得策である。

しかし、上司・友人・同僚などの人間関係における不良がストレスだとすれば、逃避、すなわち勤務先・大学を辞める、連絡を絶つなどその関係を切らない限りはずっと続くことになる。こうした仕方ない状態が続くような場合には、「ストレス解消」というような0にする考え方でなく、「ストレス発散」という対処が有効である。

（3）ストレス発散と運動

ストレス発散には、入浴、睡眠、飲酒（深酒は逆効果）、運動・スポーツ、レジャー、レクリエーション、ペットと遊ぶ、音楽鑑賞、園芸、気の合う友人と会話・遊ぶ、知的活動などたくさんある。自分に合うものを取り入れるのが一番だが運動による効果は確実にある。

運動による精神心理面への影響について、1992年に国際スポーツ心理学会は表2-13の公式見解（永松訳）を示している。一言でいえば、運動によって不安・うつの低減、情緒の安定化がもたらされる。随所で述べているように、自身の好きな運動・スポーツを見つけて定期的に行うことが体だけでなく、メンタルヘルスにもよいと結論づけられる。

表2-13　運動の精神心理面への影響

①	運動は状態不安の低減をもたらす
②	運動は軽度から中等度の抑うつの低減をもたらす
③	長期にわたる運動は神経症や不安症の低減をもたらす
④	運動は重度うつ患者の専門的治療の補助的手段となる
⑤	運動は様々なストレスの低減をもたらす
⑥	運動は男女すべての年代を通した情緒の安定化に有益となる

もう1点、加筆すべきこととして運動によるカタルシス効果がある。ストレスによってイライラする、怒りっぽくなる、汚い言葉を使ってしまう、切れやすくなるというような攻撃性が増すケースも多い。こうした中で、スポーツ中に大声を出してプレーしたり、力強く体を動かすことが、前述のような攻撃行動の代償となり、たまっているものを浄化させることになる。これを運動によるカタルシス効果という。運動中はアドレナリンやノルアドレナリンが分泌され、交感神経優位となっていてまさしく闘争中である。終わると一気にオンからオフ、副交感神経優位に転じてゆったりした気分となる。

確かに激しい運動・スポーツをしている人は、普段は穏やかな立ち振る舞いの人が

多い。これはそのプレー中、ルールに基づき、激しく攻撃する行動をしているので、逆に他の時間帯は安寧、リラックスしているものともいえるだろう。最近、いつもイライラしたり、怒りっぽい人はスポーツ・運動で思いっきり体を動かすことを強く推奨する。この観点では運動強度の高い種目がより効果的だと考えられる。

【参考文献】

（1）厚生労働省ホームページ．Ｅ－ヘルスネット：職場のメンタルヘルス．入手先 https：//www.e-healthnet.mhlw.go.jp/information/heart/k-03-003.html 参照 2022-6-25.

（2）International Society of Sport Psychology Position Statement. Physical activity and psychological benefits. Physician and Sports Med 1992；20：179-184.

（3）永松俊哉．青年期におけるメンタルヘルスと運動・スポーツ活動の関係．体力科学 2016；65：375-381.

（4）Kamioka H, et al. Effectiveness of music therapy：a summary of systematic reviews based on randomized controlled trials of music interventions. Patient Preference and Adherence 2014；8：727-54.

（5）Kamioka H, et al. Effectiveness of horticultural therapy：a systematic review of randomized controlled trials. Complementary Therapies in Medicine　2014；23：930-43.

8．熱中症を防ぐには

（1）熱中症とは

　熱中症とは、高温多湿な環境に長時間いることで、体温調節機能がうまく働かなくなり、体内に熱がこもった状態のことである。屋内外、運動・作業の有無を問わず、何もしていないときでも発症する。症状によっては救急搬送されたり、場合によっては死に至る。夏場だけでなく4月、5月でも急に暑くなった日などにも起こりやすい。

　表2-14は熱中症の分類とその症状である。手足がつったりするような症状が典型である。このようなことがあったら脱水を疑うとともに、涼しいところで休み、スポーツドリンクなどを摂取すると回復する。熱疲労は、脱力感やめまい、吐き気などの症状が現れる。完全に運動などは中止し、涼しいところで寝かせて休ませるとともに、スポーツドリンクなどを十分に補給する。症状が改善しない場合には医療機関を受診する。熱射病は39℃を超える体温となり、明らかにめまいや歩行障害、異常行動などもみられる重篤な状態であり、一刻も早い救急車の要請が必要である。その間、コールドスプレーに加え、氷嚢を用いて頭部や皮膚表面に近い動脈部分（首、脇の下、またの内側）を冷やす。経口補水液やスポーツドリンクなどの摂取も推奨されるが、この状態の場合には嘔吐してしまうことがある。

表2-14　熱中症の分類とその症状

分類	原因	症状	処置
Ⅰ度 熱けいれん	ナトリウム欠乏性脱水（多量の発汗後に水分のみ補給した場合）	四肢や腹筋のけいれん、多量の発汗、疲労、体温平常	生理食塩水（0.9%）またはスポーツドリンクの補給
Ⅱ度 熱疲労	発汗による脱水 （多量の発汗後に水分など補給がない場合）	全身倦怠感、脱力感、疲憊、頭痛、めまい、吐き気、嘔吐、多量の発汗、頻脈、血圧低下、皮膚蒼白、体温平常	涼しいところで寝かせる水（塩分0.2%含む）または薄めたスポーツドリンクの補給
Ⅲ度 熱射病	体温調節の破綻 （熱疲労の進行）	高体温、意識障害（異常言動、錯乱、意識喪失）、発汗低下、頭痛、めまい、吐き気、嘔吐、虚脱、異常歩行	身体の冷却（水やアルコールをかける、扇ぐ） 救急車による病院への搬送

（2）人は寒さよりも暑さに圧倒的に弱い

そもそも人の体は、暑さと寒さでは圧倒的に暑さに弱い。人の深部体温は37℃付近で正確にコントロールされているが、それを基準として外気温にて±10℃を考えてみると、47℃または27℃である。47℃ではサウナ状態であり、30分もたないだろう。27℃でも暑いぐらいである。熱の電動が大きい水温としてその温度の水に浸かったことにすると、まず47℃のお風呂ではほぼ熱湯に感じて10秒も入れないだろう。27℃ではやや冷たいがプールなら十分入っていられる温度である。このように相対的温度からみても暑さ、熱さには人は弱いことがわかる。図2-9は、環境温度と恒温適応の範囲の概念モデルである。寒さへの対応は幅が広いが暑さへの幅は極めて狭く、すぐに恒温適応限界になり熱中症へと移行しやすい。

この理由には、体温調節機能の特徴がある（図2-10）。寒さの生体防御反応（熱産生）としては、末梢の血管を収縮させて体温が奪われるのを防ぐ（冬場には手足がしぼんだミカンのようになり体表面積を小さくする）。また、ふるえ（骨格筋）によって熱をつくり出す。自身の自覚はないが、なおも体が冷えてきた場合には、非ふるえといって脂肪のひとつである褐色脂肪細胞による熱産生や、肝臓による熱産生などが生じる。これらにより長時間にわたり寒さに対抗することができる。

一方、暑さに対しての防御反応（熱放散）は、汗を出して蒸散させる、血管や皮膚表面を拡張させ熱放散を促すことしかない。他の手段は服を脱ぐ、エアコンなどの力を借りる以外にはない。動物をみても寒冷地で暮らす北極クマに代表されるように、厳寒の地で生きる動物は多い。その逆に猛烈に暑い地で生きている動物は極めて少ないことからも、動物は暑さが苦手なのがわかる。

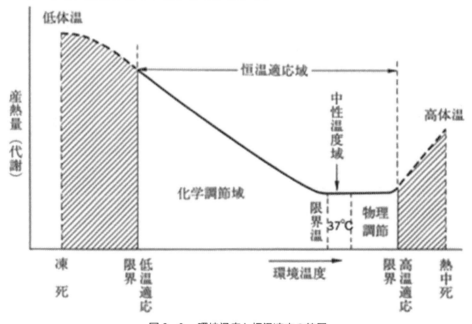

図2-9　環境温度と恒温適応の範囲

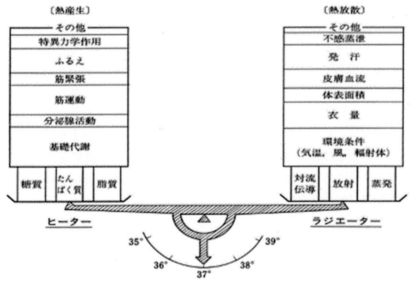

図2-10　寒さに対する熱産生と暑さに対する熱放散

（3）熱中症予防のための運動指針

　運動による熱中症を防ぐため日本スポーツ協会は指針を示している（図2-11）。ポイントは気温だけでなく湿度を含めたWBGTでの評価を重視していることである。前述したように、湿度が100％に近いと熱放散で重要な発汗による蒸発ができなくなってしまうからである。この図を参考にして運動の可否、あるいは運動の質と量を調整する必要がある。

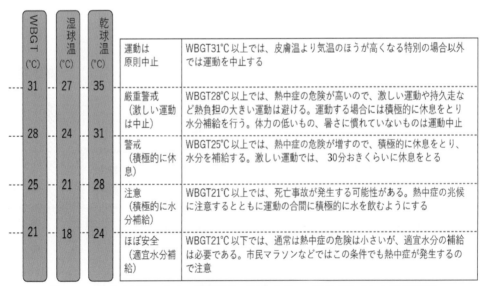

WBGT (℃)	湿球温 (℃)	乾球温 (℃)		
31	27	35	運動は原則中止	WBGT31℃以上では、皮膚温より気温のほうが高くなる特別の場合以外では運動を中止する
28	24	31	厳重警戒（激しい運動は中止）	WBGT28℃以上では、熱中症の危険が高いので、激しい運動や持久走など熱負担の大きい運動は避ける。運動する場合には積極的に休息をとり水分補給を行う。体力の低いもの、暑さに慣れていないものは運動中止
25	21	28	警戒（積極的に休息）	WBGT25℃以上では、熱中症の危険が増すので、積極的に休息をとり、水分を補給する。激しい運動では、30分おきくらいに休息をとる
21	18	24	注意（積極的に水分補給）	WBGT21℃以上では、死亡事故が発生する可能性がある。熱中症の兆候に注意するとともに運動の合間に積極的に水を飲むようにする
			ほぼ安全（適宜水分補給）	WBGT21℃以下では、通常は熱中症の危険は小さいが、適宜水分の補給は必要である。市民マラソンなどではこの条件でも熱中症が発生するので注意

図2-11　熱中症予防のための運動指針（日本スポーツ協会が作成した図を転載）

（４）熱中症になるリスクファクターと予防策

　　熱中症を防ぐ重要なポイントは、次の４つである。
　　①運動可否の判断
　　②水分補給
　　③体調管理
　　④暑熱順化

　第１に前述のようにWBGTで31℃を超えるような場合には、運動を実施すべきではない。夏場に運動するときは朝晩の涼しい時間帯に行うとか、エアコン管理されている体育館などで運動する、水泳に切り替えるなどの工夫が必要である。

　第２にこまめな水分補給が重要である。発汗が多いようなときはスポーツドリンクが有効である。ただし、やみくもに飲み続けていると糖が含まれているため、「ペットボトル症候群」により虫歯になるので注意が必要である。水を間に飲むなどをするとよい。

　第３は体調管理、実はここが１番重要かもしれない。そもそも体調が悪い状態にあれば、熱中症になりやすい。運動をする、体育を行う、運動会に参加する、というときに前夜に睡眠不足だったり、風邪気味の場合にはリスクは高まる。大学生はとくに夜中にアルバイトで帰りが遅くなっていたり、遊んでいることで十分な睡眠がとれていないことも大いに想像される。暑さで体がダメージを受けやすいので、日々の生活を改めて反省する必要がある。

　第４は暑熱順化である。運動部活動を行っている者は、春の段階からあえて暑さに体を慣らすトレーニングを積んでおり、それにより夏本番でも熱中症になりにくい。たとえば、暑い日でもあえて練習後に数kmゆっくりジョギングするなどである。筆者も夏場でも昼間に７〜10km走り、熱中症にならない体づくりを行っている。

　このメカニズムとしては、暑さに慣れるべく運動を継続することで、体内の水分量が増加、発汗機能の向上・増大、汗中の塩分濃度の減少、運動時の心拍数減少、皮膚血流量の減少などが起こり、皮膚と体温の上昇を抑えることができるようになり、その結果、暑熱下でも運動パフォーマンスが落ちるのを防ぐことになる。つまり、熱中症になりにくい状態で運動ができるということである。

　暑くてもエアコンの効いた部屋にいるだけで汗をかくような運動をし続けていないと弱い体になることを意味している。暑熱順化の逆になるが、暑さに慣れていない状態で運動をすると熱中症になりやすい。冒頭で述べた４月、５月で急に暑い日に救急車要請が多いのはこのように暑熱順化ができていないことと直結している。夏休みなどは時間に余裕があるので、この暑熱順化を続けて９月、10月の授業で熱中症にならないようにコンディショニングすることを推奨する。

（5）熱中症警戒アラート

　近年、地球温暖化が原因ともされている35℃を超えるような猛暑日が多くなってきている。気温がほぼ体温と同じでは、熱放散がまったくとっていいほど機能しない。こうした危険な状態をいち早く知らせ、国民に即刻の対応を促すシステムが稼働している。環境省は2021年4月から全国すべての地域において「熱中症警戒アラート」のシステムを導入した。これは熱中症の危険性が極めて高くなると予測された際に、危険な暑さへの注意を呼びかけ、熱中症予防行動を促すための情報提供サービスである。テレビ・ラジオだけでなく、アプリに登録しておけば、個人のメールやLINEでの配信サービスがあるので便利である。

【参考文献】

（1）厚生労働省ホームページ．熱中症予防のための情報・資料サイト．入手先 https：//www.mhlw.go.jp/seisakunitsuite/bunya/kenkou_iryou/kenkou/nettyuu/nettyuu_taisaku/prevent.html 参照 2022-6-21.

（2）上岡洋晴．寒冷下での運動の生理．理学療法　2000；17：610-614.

（3）岡田真平．暑熱下での運動の生理．理学療法　2000；17：682-696.

（4）日本スポーツ協会ホームページ．スポーツ活動中の熱中症予防ガイドブック．入手先 https：//www.japan-sports.or.jp/Portals/0/data/supoken/doc/nechusho_yobou_guidebook_2018.pdf 参照 2022-6-23.

（5）環境省ホームページ．熱中症予防情報サイト．入手先 https://www.wbgt.env.go.jp/alert.php参照 2022-6-15.

9．食事バランスガイドでセルフチェック

（1）あなたの食事は理想的ですか？

「あなたの日々の食事は理想的ですか？」と聞かれたときに「完璧です。」と答えられる人は、ほとんどいないのではないだろうか。また、自身の食事について客観的に評価する機会もないので答えようがない、という声もあるだろう。事が難しいのは、厚生労働省から「日本人の食事摂取基準」というスタンダードが出されているものの栄養素レベルで考えることは、栄養学などを専門に学んできた人以外は困難な点にある。ここでは、自分の食べた物から「1日当たりの全体的なバランス」として把握する方法があり、一般人でも比較的簡単に評価できるので解説する。

これは「食事バランスガイド」と称し、1日に「何を」「どれだけ」食べたら良いかをコマをイメージしたイラストで示すものである。健康で豊かな食生活の実現を目的に策定された「食生活指針」（2000年）を具体的に行動に結びつけるものとして、2005年に厚生労働省と農林水産省が策定した。

図2-12のように理想形はコマの形をしている。1日当たりの量のバランスとして、コマの軸になる部分は水・お茶などの水分をしっかりとることを意味している。また上部から順に摂取する量が多いことを意味し、最上位がごはん、パン、麺類などの「主食（5-7つ分）」、次いで野菜、キノコ、いも、海藻類などの「副菜（5-6つ分）」、そして肉、魚、卵、大豆料理などの「主菜（3-5つ分）」となっている。一番下は、「牛乳・乳製品（2つ分）」「果物（2つ分）」となっている。それぞれの単位については後述する。

コマの左側に紐のようについているのは「菓子・嗜好飲料」で楽しく適度にという

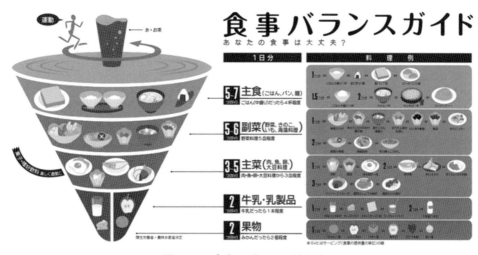

図2-12　食事のバランスガイド
〔出典〕農林水産省ホームページより転載

記載がされており、これらを食べてもよいがほどほどにということである。そしてコマの上部に人が走っているイラストがある。ここが「運動」であり、コマは回転することで安定して立っていられる。したがって、食べたら運動して回し続けることが重要なことを示している。

　最大のポイントは、食事のバランスが取れていてイラストのような形になるかどうかである。ある部分は過少、ある部分は過多だったりするとコマは変形し、当然安定して回転しない。

（2）料理区分と単位の数え方
　農林水産省は、1日の食事を主食／副菜／主菜／牛乳・乳製品／果物の5区分化し、それぞれ「つ（SV）」という単位を用いている（図2-13）。

1）主食
　ごはん、パン、麺、パスタなどを主材料とする料理（主に炭水化物の供給源）であり、概ね1つ（SV）＝主材料に由来する炭水化物約40gである。換算は次頁図に示すようにみなす。

2）副菜
　野菜、いも、豆類（大豆を除く）、きのこ、海藻などを主材料とする料理（主にビタミン、ミネラル、食物繊維の供給源）で、1つ（SV）＝主材料の重量約70gとみなす。

3）主菜
　肉、魚、卵、大豆および大豆製品などを主材料とする料理（主にたんぱく質の供給源）で、1つ（SV）＝主材料に由来するたんぱく質約6gとみなす。

4）牛乳・乳製品
　牛乳、ヨーグルト、チーズなど（主にカルシウムの供給源）で、1つ（SV）＝主材料に由来するカルシウム約100mgとみなす。

5）果実
　りんご、みかんなどの果実や、すいか、いちごなどの果実的な野菜（主にビタミンC、カリウムなどの供給源）で、1つ（SV）＝主材料の重量約100gとみなす。

（その他）菓子・嗜好飲料
　食生活の中で楽しみでもあり、食事全体の中で適度にとる必要があることから、イラスト上ではコマを回すためのヒモとして表現し、「楽しく適度に」というメッセージがついている。1日200kcal程度を目安としている。

　200kcalの具体的な目安例は、せんべい 3〜4枚／ショートケーキ 小1個／日本酒コップ1杯（200mL）／ビール 缶1本半（500mL）／ワインコップ1杯（260mL）／焼酎（ストレート）コップ半分（100mL）としている。これらよりも多い場合には、太い紐になることを意味する。

1）主食

2）副菜

3）主菜

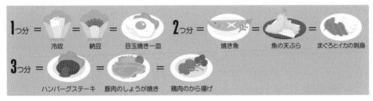

4）牛乳・乳製品

5）果物

図 2 -13　食事の 5 区分
〔出典〕農林水産省ホームページより転載

（3）１日の必要なエネルギーと食事量の目安

　１日当たりのエネルギー消費量に基づいて食事量の目安が多少異なる。身体活動が「低い」とは１日中座っていることがほとんどの人が該当する。大学に来ても授業でずっと座っている、仕事ではデスクワークの人が該当する。大学生の多くがこの範囲になると考えられる。「ふつう以上」とは前述の低いに該当しない人のことである。立位での作業が多い人、また授業では座学がほとんどでも、部活動で運動しているような人が該当する。

　具体的に図 2 -14で例示する。大学生・女子で「低い」に該当する人は1,400～2,000kcalのところで、「主食４～５つ」「副菜５～６つ」「主菜３～４つ」「牛乳・乳

製品２つ」「果物２つ」でコマを作成するという意味である。

　大学生・女子で「ふつう以上」と大学生・男子で「低い」人は、2,200kcal（±
200kcal）のところで、「主菜５〜７つ」「副菜５〜６つ」「主菜３〜５つ」「牛乳・乳
製品２つ」「果物２つ」で作成する。

　大学生・男子で「ふつう以上」の人は2,400〜3,000kcalのところで、「主菜６〜８つ」
「副菜６〜７つ」「主菜４〜６つ」「牛乳・乳製品２〜３つ」「果物２〜３つ」で作成する。

　５〜６つなどのように、それぞれで幅があるが、体の大きさや活動量においてさら
に多い少ないを自身で考えて設定する。

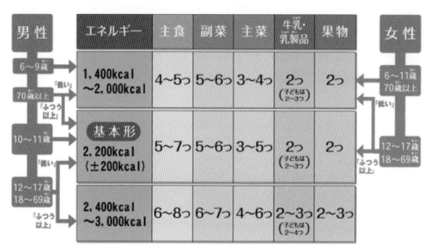

図２-14　１日に必要なエネルギーと食事量の目安
〔出典〕農林水産省ホームページより転載

（４）実際に自分のある１日の食事のバランスを評価しよう

　次頁の図表に朝から夜までの食事メニューを「フードダイアリー」に書き入れ、前
述の料理区分と単位数を右側に入れる。間食があるなら、別途余白に記入する。

　そして仕上げとしてコマの中に、該当する数を色づけ（菓子・嗜好飲料、水の部分
も）する。そうすると、どの料理区分が多いか少ないか、すなわち自分のその日の食
事のバランスが一目瞭然となる。気づいたこともメモし、今後の食生活を良好なもの
にしよう。農林水産省は若者向けに性差や身体活動量に基づき、３つのイラスト入り
フードダイアリーを出しているので、自身に合ったものを選び作図しよう。

【参考文献】

農林水産省ホームページ．食事バランスガイドについて．

入手先 https：//www.maff.go.jp/j/balance_guide/ 参照 2022-8-31．

フードダイアリー

アナタの食生活をチェック！

適量 1400〜2000kcal の方向け　　　月　　日

●1日に食べたものを書き出して、それぞれの料理の「つ(SV)」を数えよう。

食べたもの	主食	副菜	主菜	牛乳・乳製品	果物
朝					
昼					
夕					
間食					
合計	つ(SV)	つ(SV)	つ(SV)	つ(SV)	つ(SV)

コマは回ったかな？

●各料理グループの「つ(SV)」の数を塗りつぶそう。

主食　1　2　3　4　5

副菜　1　2　3　4　5　6

主菜　1　2　3　4

菓子・嗜好飲料

牛乳・乳製品　1　2　　1　2　果物

●チェックして
気づいたこと

図2-15　1,400〜2,000kcalの範囲：大学生・女子で身体活動量が「低い」人
〔出典〕農林水産省ホームページより転載

フードダイアリー

アナタの食生活をチェック！

適量 2000〜2400kcal の方向け　　　　月　　日

● 1日に食べたものを書き出して、それぞれの料理の「つ (SV)」を数えよう。

食べたもの	主食	副菜	主菜	牛乳・乳製品	果物
朝					
昼					
夕					
間食					
合計	つ(SV)	つ(SV)	つ(SV)	つ(SV)	つ(SV)

コマは回ったかな？

● 各料理グループの「つ (SV)」の数を塗りつぶそう。

主食	1 2 3 4 5 6 7
副菜	1 2 3 4 5 6
主菜	1 2 3 4 5
菓子・嗜好飲料	1 2 1 2
牛乳・乳製品　果物	

● チェックして
気づいたこと

図 2-16　2,000±200kcalの範囲：大学生・女子で身体活動量が「ふつう以上」の人
大学生・男子で身体活動量が「低い」人
〔出典〕農林水産省ホームページより転載

フードダイアリー

アナタの食生活をチェック！

| 適量 2400〜3000kcal の方向け | 月　　日 |

●1日に食べたものを書き出して、それぞれの料理の「つ(SV)」を数えよう。

食べたもの	主食	副菜	主菜	牛乳・乳製品	果物
朝					
昼					
夕					
間食					
合計	つ(SV)	つ(SV)	つ(SV)	つ(SV)	つ(SV)

コマは回ったかな？

●各料理グループの「つ(SV)」の数を塗りつぶそう。

主食　1 2 3 4 5 6 7 8
副菜　1 2 3 4 5 6 7
主菜　1 2 3 4 5 6
菓子・嗜好飲料　1 2 1 2
牛乳・乳製品 3 3 果物

●チェックして
気づいたこと

図2-17　2,400〜3,000kcalの範囲：大学生・男子で身体活動量が「ふつう以上」の人
〔出典〕農林水産省ホームページより転載

第3章　スポーツ・レクリエーション種目とルール

1．ゴール型種目

（1）バスケットボール（3×3含む）

1）バスケットボールとは

　バスケットボールは、1891年にアメリカで発祥したスポーツであり、競技人口は世界で約4.5億人を数え、世界的にも人気の高いスポーツである。読者の皆さんもこれまでに学校の体育の授業などで一度は触れたことがある人が多いのではないか。日本においては、2016年秋に野球・サッカーに次ぐ日本3番目の団体競技プロスポーツとしてB.LEAGUE（ジャパン・プロフェッショナル・バスケットボールリーグ）が開幕した。さらに、2021年の東京五輪では女子日本代表が銀メダルを獲得するなど、近年改めて人気度が高まってきているスポーツである。

　この競技の誕生当時は、木製の桃を入れる籠を体育館にぶら下げて、ボールを入れて点を取り合うという形だったとされている。そのため、籠（basket）を使用した球技（ball）ということで「バスケットボール」という名称が付けられ、日本語名でも「籠球」と表記される。

　バスケットボールは、チームスポーツの中でも少人数で行うことができるという特徴がある。通常のバスケットボールは5人制で行うが、東京五輪から正式種目に採用された「3×3（スリー・エックス・スリー）」は、3人制で行う。これは、公園や路上などのストリートでプレーされていたのが始まりで、2007年にFIBA（国際バスケットボール連盟）が正式な統一ルールを設けたことで、バスケットボールの新種目として確立された。3×3の試合は、通常のバスケットボールコートのほぼ半分（ハーフコート）で行う。

　バスケットボールの魅力は、シュートが決まった時の高揚感やチームメートと声を掛け合いながら協力して行う一体感である。攻撃と守備の切り替わりも早く、多くの得点が入りやすいという特徴もある。

2）授業でのバスケットボール

　授業においては、主に5人制のバスケットボールを実施する。最初に基本的な技能（シュート・パス・ドリブルなど）の練習をした上でゲームを行う。ボールの大きさは、中学生以上の男子が使用する7号球と中学生以上の女子が使用する6号球がある。実際の授業では、男女混合で7号球を使用する。

図3-1　バスケットボールの授業風景

①ハンドリング

　ボールを自分の身体の周りで自由自在に動かせるようになることを目指す。頭の周り、お腹の周り、膝の周り、さらには足を肩幅より大きく開き、足の間を8の字に回せるようにする。

②ドリブル

　ドリブルができないと、味方からパスをもらってもすぐに誰かを探してパスをしなければならなくなる。そのため、自分でボールを運ぶためにドリブルをできるようにする。多くの場面では、動きながらドリブルするが、最初は、その場でボールをつけるようにする。次に、歩きながら片手でドリブル、左右両方の手を使ってドリブルができるようになることを目指す。

③パス

　いろいろなパスの種類を一通りできるようにする。自分の胸あたりから相手の胸あたりに対して両手を使ってノーバウンドでパスをするチェストパスが基本的な形である。その他に、ボールを両手で持ち、両腕を頭上に伸ばした状態でパスをするオーバーヘッドパス、ボールを片手で持ち、保持している方の足を一歩踏み込み、横からパスをするサイドハンドパスがある。また、パスはノーバウンドだけでなく、相手との間にバウンドさせるバウンズパスがある。バウンズパスを行う際のポイントは、相手と自分の距離の相手側3分の2程度の場所でボールがバウンドするように調節することである（図3-2参照）。

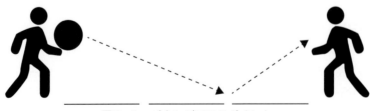
図3-2　バウンズパスのポイント

④シュート

　シュートには、レイアップシュート、ゴール下シュート、ミドルシュート（フリースローを含む）がある。シュートを決めるのはバスケットボールの醍醐味のひとつでもあるため、積極的にシュートを打つ。レイアップシュートでは、ドリブルからシュート動作に移行する際の1歩目の位置に重点を置く。ゴール下シュートでは、ボードにボールを当ててゴールに入れるので、ボールを投げる位置とボードからの跳ね返りの関係を考えながらシュートする。ミドルシュートでは、距離が遠くなることに伴ってフォームが崩れてしまうことが多い。ミドルシュートを打つときこそ、基本のフォームをもう一度意識することがポイントである。

⑤ゲーム

　通常のバスケットボールの試合同様、時間制で試合を行う。試合時間は状況によるが5〜8分程度で行い、得点の高い方を勝ちとする。バスケットボールのルールには、ファウルとバイオレーションの2つのルール違反が存在する。ファウルとは、相手選手への接触を伴うルール違反のことであり、バイオレーションとはファウル以外のルール違反のことである（⑥「ルール違反」で詳しく説明）。授業の中では、ファウル、一部のバイオレーション（トラベリング、ダブルドリブル、アウト・オブ・バウンズ）は通常どおりのルールで行うが、その他に関して（主にバイオレーション）は、特にひどい場合を除いては、プレーを止めない。

⑥ルール違反

　前述のとおりルール違反は、ファウルとバイオレーションの2種類に大別される。授業の中でルール違反として判定し相手ボールになるのは、以下の状況である。
【ファウル】
　「押す」「おさえる」「つかむ」「ぶつかる」など相手選手への接触を伴うルール違反である。
　●プッシング
　その名のとおり、相手を押してしまう（プッシュ）行為。
　●ブロッキング
　相手の進路に横から入り妨害する（ブロック）行為。
　●ホールディング
　相手の身体を掴むあるいは抱える（ホールド）行為。
　●チャージング
　攻撃側の選手が守備側の止まっている選手にぶつかる行為。
【バイオレーション】
　●トラベルング
　コート内でボールを持った状態で3歩以上歩いてしまう。

●ダブルドリブル

ドリブルからボールを保持し、再度ドリブルを行なってしまう。

●アウト・オブ・バウンズ

ボールをコートの外に出したり、バックボードの裏に当てたりする。

⑦ローカルルール

　授業では、受講学生のレベルは様々である。そのため、場合によってバスケットボールの授業では、授業内でのローカルルールを設定する。バスケットボールは、得点がたくさん入るというのが大きな特徴でもある。しかし、なかなかシュートが入らずにロースコアのゲームになることも多い。たくさんの人が得点できるように、例えば「リングに当たれば1点」といったルールを適用する場合もある。

3）安全上の注意点

①プレー中は、急に自分のところにボールが飛んでくる可能性がある。いつ自分のところに飛んできても良いようにボールから目を離さないよう注意する。

②ダンクシュートに憧れて、リングにぶら下がったり、壁を蹴ってリングに触れようとしたり、友達の力を借りたりするのは危険である。無理に高いジャンプをしない。

※リングへのぶら下がりはリング破損の恐れがある。また、壁蹴りは壁の破損の恐れもあるので、絶対に行わない。

4）競技ルール

　バスケットボールに興味がある場合には、5人制のルールに関しては次の日本バスケットボール協会のホームページ、3×3（3人制）のルールに関しては次の日本バスケットボール協会の「3×3」の公式ホームページを参照しよう。

公益財団法人日本バスケットボール協会

（1）5人制ルール

　http：//www.japanbasketball.jp/referee/rule2022

（2）3×3ルール

　http：//3x3.japanbasketball.jp/what-is

（曽根　良太）

（2）サッカー（フットサル含む）

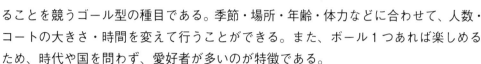

1）サッカーとは

　サッカーは、2つのチームが1つのボールを奪い合い、腕を用いることなく、主に足や頭で相手ゴールにボールをより多く入れることを競うゴール型の種目である。季節・場所・年齢・体力などに合わせて、人数・コートの大きさ・時間を変えて行うことができる。また、ボール1つあれば楽しめるため、時代や国を問わず、愛好者が多いのが特徴である。

　サッカーの面白さのひとつは、普段使わない足を使ってボールを蹴るところにある。はじめのうちは、ボールを止めたり蹴ったりすることも難しく感じるが、ボールを巧みに扱えるようになると、仲間との連携、相手との駆け引きを楽しむことができる。また、ゴールキーパーがいるため、得点をすることが難しい一方で、1点を取るための戦略・戦術を考える面白さ、得点できた時の喜びが大きい種目でもある。

図3-3　サッカーの授業風景

2）授業でのサッカー

①フィールド、試合時間

　11人制のサッカーは、フィールドが105m×68m（標準）（図3-4）である。授業では、各チーム5〜8名、フィールド30〜40m×20m程度のミニサッカーを行う。このフィールドの大きさは、主に室内で行うフットサルと同程度である。11人制よりも人数を少なく、フィールドを小さくすると、ボールに触れる回数が多くなるので、チームの全員が攻撃と守備を意識してプレーすることができる。また、走る距離が短くなる、ボールを強く蹴るプレーが減るため、多くの人が無理なくサッカーを楽しむことができる。

　11人制の公式の試合時間は45分ハーフであるが、授業では5〜8分の試合を複数行う。試合間の休憩時には、水分補給だけでなく、チームメイトと試合の反省、次の試

合に向けて戦術・戦略を立てる。ゴールの大きさは、フィールドの大きさなどに応じて、ミニサッカー用のゴール（図3−5）やカラーコーンを用いる。

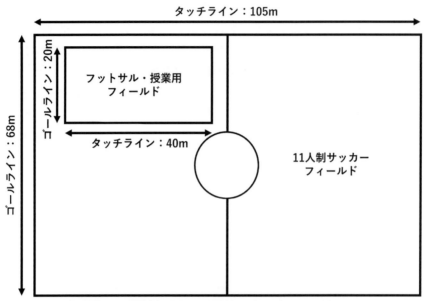

11人制　　　タッチライン：105m、ゴールライン：68m
フットサル　タッチライン：38〜42m、ゴールライン：18〜22m
授業　　　　タッチライン：30〜40m、ゴールライン：15〜25m

図3−4　サッカーフィールドの大きさ

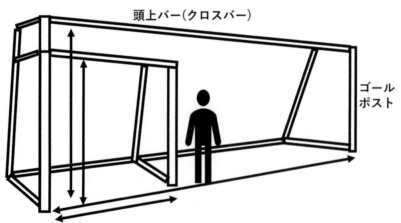

11人制のゴール　　　　高さ：2.44m、横：7.32m
ミニサッカーのゴール　高さ：2m、　　　横：3m
人の大きさ　　　　　　高さ：1.7m(成人男性の平均身長)

図3−5　サッカーゴールの大きさ

②ルール

　授業を行う上での最低限知っておくべきルールは4つある。まず、得点は、ゴールがある範囲のゴールラインをボールが完全に超えたときに認められる。次に、ゴールキーパー以外はボールを腕で扱えない。ゴールキーパー以外がボールを腕で扱った場合は、相手ボールのフリーキックで試合を再開する。また、ボールがフィールドの外に出た（ラインを完全に超えた）ときは、一度プレーを止める。その後は、タッチラインからのスローイン、キックイン、ゴールキック、コーナーキックなどで再開する。最後に、危険な行為の禁止である。たとえば、相手に飛びかかる・押す・抑える・捕まえる・足を出して転ばせるなどである。危険な行為があった場合には、相手側のフリーキックで試合を再開する。

③基本的な個人技術

　サッカーでは、ゴールキーパー以外はボールを腕で扱えないため、ボールを足や頭で上手に扱う技術を高めることで、競技をより楽しむことができる。ゴールを狙うためにボールを蹴ることを「シュート」、味方にボールを渡すためにボールを蹴ることを「パス」、頭でボールを打つことを「ヘディング」、ボールを蹴りながら進むことを「ドリブル」と呼ぶ。

　サッカーの初心者は、まず、足でボールを止める技術を習得する。足の内側、外側、足の甲などでボールを止めるが、まずは足の内側でボールの勢いを吸収するように止められるようにする。なお、フットサルでは、足裏でボールを止めることも多い。

　シュートまたはパスには、足の内側（インサイドキック）、足の甲（インステップキック）、足の外側（アウトサイドキック）、トゥーキック（足のつま先）で蹴る方法がある。サッカー初心者は、まずインサイドキックを習得する。足のどこで・どの方向にシュートまたはパスをするかを考慮して、ボールを蹴りやすいところに止めるとよい。

④基本的なチーム戦術

　試合中は、ボールを保持している攻撃側とボールを自陣のゴールに入れられないようにする守備側に分かれる。攻守の切り替えが何度も起こるのもサッカーの面白さのひとつである。攻撃側の選手のうち、ボールを保持している人は、シュート、パス、ドリブルからプレーを選択する。ボールを保持していない人は、パスを受けられる位置に移動する。ただし、チームの全員が相手のゴール前に移動すると、ボールを相手に取られたときに守備をする人がいなくなってしまうので、チーム内で役割・ポジション（ゴールキーパー、ディフェンダー、ミッドフィルダー、フォワード、左サイド、中央、右サイドなど）を決める。

　サッカー初心者は攻撃、守備ともにボールへ集まりがちである。攻撃のときは、フィールドを広く使えるように、ボールだけでなく、味方や相手の位置を見ながら攻撃を組み立てる。守備のときは、相手1人に対して味方1人が対応する（マンツーマ

ン）、またはフィールドをいくつかに分けてそれぞれのフィールドを担当する（ゾーンディフェンス）のかを決める。

3）安全上の注意点

　注意点は2点ある。まず、ゴールの頭上にあるバー（クロスバー）へのぶら下がりは厳禁である。クロスバーへのぶら下がりによって転倒したゴールの下敷きになる事故は日本中で起こっている。授業では、移動式のゴールを使用するため、杭などでゴールを地面に固定していない。体重の軽重に関わらず、ぶら下がれば転倒するし、強風で転倒する場合もあるので、十分に注意する。

　次に、頭や胸にボールが当たることによる傷害に注意する。頭部の傷害は、特に脳震盪（のうしんとう）の可能性を疑う。脳震盪は、頭を強くぶつける、揺さぶられるなどにより、脳内にひずみが生じることで起こる。症状は、意識の消失、ふらつき、集中力の低下など、行動や感情に変化が起こる。重症の場合は命の危険がある。これらの症状がある場合には、プレーをやめて身体を休める。必要に応じて病院へ行き検査を受ける。

　胸部では、心臓震盪（しんぞうしんとう）の可能性がある。心臓震盪とは、胸部に衝撃が加わることで心臓の筋肉が痙攣し、心臓が停止している状態のことである。心臓震盪は、野球などの小さく硬いボールを使用する競技において多いが、サッカーにおいても事故事例が報告されている。ボールの衝撃だけでなく、肘や足などの衝撃でも発症する可能性がある。速度の高いシュートは傷害の危険性が高いことを、シュートをする人・それを防ぐ人の両方が理解してプレーする。

4）競技ルール

　サッカーには、主に室内で行う5人制のフットサルがある。自由に交代可能、ポジション名もサッカーとは異なる、弾みにくいボールを使用するなど、11人制のサッカーとは異なるルールで行われる。サッカーやフットサルのルール、ルールの違いに興味のある学生は、以下から調べてみよう。

　公益財団法人日本サッカー協会公式ホームページ
　https：//www.jfa.jp/rule/comparison.html

（勝亦　陽一）

（3）アルティメット

1）アルティメットとは

　アルティメット（ultimate）は、英語で「究極の」という意味である。
名前の由来は、瞬発力、走力、持久力、フライングディスク（ディスク）
を投げる、キャッチする技術など、幅広い能力がこのゲームには必要であることから
きている。アメリカンフットボールのタッチダウンように、相手陣地内（エンドゾー
ン）でディスクをダイレクトキャッチすると得点になる。
　この種目の魅力としては、何といっても攻守が目まぐるしく入れ替わり（ディスク
を落とすと相手側のスロー）、スピード感があることと、ボールとは違いディスク特
有の飛び方（風の影響を強く受ける）をするのが面白い。空間とフライングディスク、
ビブスがあればプレーでき、身体接触が禁じられているので男女一緒に楽しむことが
できる。またフェアプレイの精神に則り、基本的に審判はおかず、互いのセルフジャッ
ジで円満に進めるという点でも、授業で相手を尊重することにも繋がり良好な学習教
材である。

2）授業でのアルティメット

　授業においては、フィールドの大きさは概ね50m×20m程度と公式ルール（100m×
37m）の1/4ほどで行い得点が入りやすくする。人数は7×7が公式だが、5×5
あるいは8×8など、状況に応じてアレンジする。

①スロー＆キャッチ

　最も基本動作となるのがスローとキャッチであり、2人組になり正確に投げる、落

図3-6　アルティメットの授業風景

とさずに取ることに慣れる。スローは、ディスクを水平にすること、より回転（スピン）をつけるとまっすぐ軌道が安定することを体得する。また、風上風下、横風などの影響がどれほどあるのかを位置を変えながら確認する。さらには、スロー後に走りながらキャッチするような実践的な練習も行う。

②ゲーム

　最初のスローまたは陣地（側）は、両チームの代表者がじゃんけんをして決める。風上では極めて有利に働く。時間は状況によるが1ゲーム5～10分ほどで行い、得点の高い方が勝ちとする。人数やフィールドは前述のとおりである。

③ファウル

　すべての場面で身体接触をしてはならない。ディスクをキャッチしてから10秒以上保持してはいけない（相手ディスクになる）。ディスクを持ったまま3歩以上歩いてはいけない（トラベリング）。3歩以上にならないようにバスケットボールのピボットのようにステップして見方がいる投げやすい方向を見出す。相手の所持するディスクをはたいたり、奪うことはできない。

3）安全上の注意点
①ディスクはプラスティックでできているが、突き指をすることがあるのでキャッチ時には注意する。
②キャッチするときは自他選手との接触に注意する。体をぶつける（身体接触）などの危険な行為をしない。また、空中でジャンプしてキャッチするときは着地時に足首のねん挫（グラウンド上またはプレーヤの足に乗る）をしないように気をつける。
③授業なので危険回避の観点からダイビングキャッチは行わない。

4）競技ルール
　アルティメットに興味がある場合には、ルールに関して次の日本フライングディスク協会のホームページを参照しよう。
　https：//www.jfda.or.jp/introduction/officialrules/

（上岡　洋晴）

（4）ユニバーサルホッケー（ユニホック）

1）ユニバーサルホッケー（ユニホック）とは

　ユニバーサル（universal）は、「普遍的な」「皆ができる」とい
う意味の英語で、アイスホッケーやグラウンドホッケーのような
本格的な装備を必要とせず、プラスティック製のボールとスティックを操作すること
で、前述のホッケー同様の楽しさを味わることができる。したがって、子どもから大
人まで一緒に楽しむことができるのが特徴である。この種目の魅力は、攻防のスピー
ド感、シュートによるボールの速さ、ゴールが決まったことの達成感にある。楽しい
ながらも、運動強度はかなり高くバスケットボールと同じくらいだと考えられる。
　ゲームはまず「フェイスオフ」といって、中央に置いたボールを審判の合図で、両
チーム1名ずつ（スティックをそれぞれボールから30cm以上離す）がスティックで取
り合うことでスタートする。互いにスティックのみ（手、足、頭など身体でボール止
めてはいけない）でボールを操作し、相手ゴールに決めることで得点になる。

2）授業でのユニホック

　授業においてはバスケットコートを用いる。周囲を囲うフェンスがないので、サイ
ドラインを割ったら相手ボール、エンドラインを割ったらコーナーあるいはエンド
ゾーンから相手ボールとする。

①パス

　最も基本動作となるのがパスの練習である。2人あるいは3人組になり正確にパス
する、止めてパスすることを繰り返す。慣れてきたら、止めずにダイレクト（ワンタッ
チ）でパスを返す練習も行う。

図3-7　ユニバーサルホッケーの授業風景

このときファウルとなるハイスティックには十分気をつける。ハイスティックとはスティックの先が膝より高くなることで、スティックを上げるとき（テイクバック）、打った後（フォロー）ともに該当する。つまり、スティックは常に低く押さえなければいけない。とくにゲームになると興奮してハイスティックを連発してしまい危険である。基礎練習のときから、スティックを絶対に持ち上げないことを体得する。

②ドリブル

　ボールをスティックからあまり離さないようにして、10〜20m程度の往復のドリブルを行う。慣れてきたらコーンなどを置いてジグザグドリブルも行う。

③ゲーム

　時間は状況によるが1ゲーム5〜10分ほどで行い、得点の高い方が勝ちとする。人数も4〜6人ずつとする。人数が少ないとスピード感と運動強度が高まる。フリーストロークやペナルティストロークなど、やや複雑なルールもあるが、サイドライン・エンドラインを越えたら、相手側ボールから再開されるという点ではシンプルである。いずれにせよ、審判の指示に従う。

④ファウル

　ゴール前の半円部分（ゴールエリア）には両チームのだれも入れない。スティックを投げてはいけない。スティックで相手のスティックを叩いてはならない。相手選手の股の下にスティックを入れてはならない。体でボールを止めたり、蹴ったりしてはならない。すべての場面で身体接触をしてはならない。そして前述のハイスティックが主たるファウルである。

3）安全上の注意点
①ハイスティックをすると、人にぶつかり危険なので重々注意する。ボールが上に上がるとつられてスティックを上げがちである。
②密集するとボールを取るため誤って人の脚を叩いてしまうことがあるので注意する。
③ボールだけでなく相手の動きをよく見て、身体接触（正面衝突）しないように注意する。

4）競技ルール
　ユニホックに興味がある場合には、ルールに関して次の日本ユニバーサルホッケー連盟のホームページを参照しよう。
　https：//www.juhf.jp/rule_v04.pdf

（上岡　洋晴）

２．ネット型種目

（１）バレーボール（ソフト・シッティングバレー含む）

１）バレーボールとは

バレーボールは、1895年にアメリカで誕生したスポーツである。テニスからヒントをもらい、バスケットのように身体接触がなく、大勢で老若男女問わずにできるスポーツとして発展してきた。バレーボールの日本代表の過去の五輪の成績を見てみると、男女共に金メダルを獲得した実績がある（男子：1972年ミュンヘン、女子：1964年東京、1976年モントリオール）。代表戦はTV中継されることも多く、国民の注目度も高い競技のひとつであるといえる。実際、バレーボールを見たこともやったこともないという読者はほとんどいないだろう。

バレーボールが多くの人にとって親しみやすいスポーツである理由のひとつは、細かい反則のルールはあるものの、基本的に「ボールを下に落とさないこと」とルールがシンプルであることがあげられる。バレーボール（volleyball）の語源は、テニスのボレー（volley）にあるとされている。ボレーとは、ボールを地面につく前に打ち返すプレーを指している。そのため、下に落とさないように打ち返し合う（volley）球技（ball）ということで「バレーボール」という名称が付けられた。バレーボールは漢字で「排球」と書かれる。

日本バレーボール協会の公式ホームページでは、バレーボールの種別として、６人制、９人制、ソフトバレーボール（４人制）、ビーチバレーボール（２人制）が紹介されている。この他にも、パラリンピックの正式種目に採用されている座りながら（Sitting）プレーをするシッティングバレーボール（６人制）などの競技もある。

バレーボールの魅力は、強烈なスパイクが相手コートに決まった時の達成感や長いラリーが続いた中で得点を決めた時にチームメイトと喜び合うことのできる一体感にある。一人だけでは勝つことができず、チームメイトとコミュニケーションを取りながら、必死になってコートにボールを落とさないように繋げていくのが、バレーボールの醍醐味である。

２）授業でのバレーボール

前述したように、バレーボール最大の魅力はラリーの継続にある。サーブゲーム（サーブだけで得点が入り合う試合）になってしまうと、ボールを繋ぐというバレーボールの醍醐味は味わうことができない。そこで、授業においては４人制で行うソフトバレーボールを中心に進めていく。ソフトバレーボールは、バドミントンコートを使用するため、通常のバレーボールよりも狭い範囲での実施となる。また、名前のとおりソフト（軟らかい）なボールを使用するため、より安全にかつ容易に競技を行う

ことができる。ソフトバレーボールのコートは、バドミントンの支柱を200cmの高さにして設営する。通常は、４人で行う競技であるが、状況に応じて５人や３人でチームを編成する場合もある。チーム内でのパス練習を十分に行い、さらにサーブ練習やスパイク練習を行なった上でゲームを中心に進める。

図3-8　ソフトバレーボールの授業風景

①パス

　バレーボールのパスは、基本プレーのひとつである。パスが上手に繋げないとサーブゲームに陥りやすく、バレーボール最大の魅力であるラリーの継続が困難となる。そのため、パスは授業の中でも入念に練習する。

　パスは、大きく分けてオーバーハンドパスとアンダーハンドパスがある。オーバーハンドパスは自分の頭上で、手のひら側でボールを上げるパスである。基本的に、自分の胸よりも高い位置でボールをパスする際には、オーバーハンドパスを使う。試合の中では、スパイクをする人に対してトスを上げる場面での使用が多い。一方で、アンダーハンドパスは自分の身体の前で腕を使って上げるパスである。基本的に、自分の胸よりも低い位置でボールをパスする際には、アンダーハンドパスを使う。試合の中では、スパイクやレシーブなど強い打球がきた際には、アンダーハンドパスを使う。

　パス練習は円陣パスを中心に行う。いずれのパスも、飛んできたボールの下に入ることが重要である。そのためにはしっかりと腰を落とさなければならない（低い姿勢を作る）。練習の例として、たとえば、ボールの落下地点に入る感覚を養うために、ワンバウンドしたボールをパスする。パスをする際には、誰にボールを取って欲しいのかをしっかり声掛けするために、チームメイトの名前を呼びながらパスをする。ボールの落下地点に入る感覚を掴めたら、ノーバウンドでパスを回していく。最後に、オー

バーハンドパスとアンダーハンドパスを交互に使うように円陣パスを行う。

②スパイク

　ラリーが継続した際には、最後に得点するための「決めの一手」が必要となる。そのためにスパイクの練習を行う。たとえば、4人のチームを2人1組のペアに分ける。片方のチームがスパイク、もう一方のチームはレシーブ（球拾い）をする。いきなりトスされたボールをスパイクするのは難易度が高いため、まずはペアの人にボールを上に投げてもらい、スパイクを打つ。この際、上がったボールにしっかりとタイミングを合わせてジャンプすることが重要となる。

③サーブ

　バレーボールのサーブには、頭上にトスを上げてサーブを打つフローターサーブと腕を下から上に振り上げて打つアンダーハンドサーブがある（厳密には、サイドハンドサーブやジャンプサーブなどがあるがここでは省略する）。授業の中では、サーブで得点が入り過ぎる状況を防ぐために、アンダーハンドサーブを推奨する。このサーブのポイントは、肘から先だけでボールを操作しようとするのではなく、身体全体を使って肩を支点に腕を振り子のように使うことである。また、トスを上に投げ過ぎると目線がずれてしまうため、無理にボールを上げようとせずに、その場に置いておくような意識が重要となる。

④ローテーション

　バレーボールでは、サーブ権を得たチームが時計回りにひとつずつポジションを移動する「ローテーション」を行う（図3-9）。ローテーションの仕方については、授業の中でも実際に動きながら確認をする。ローテーションをすることで、同じ人がずっとボールに触れることができないという状況も少なくなる。

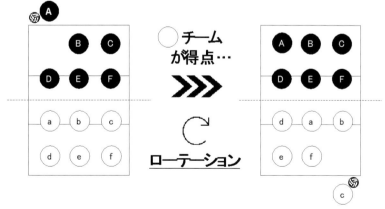

図3-9　ローテーションの仕方

⑤ゲーム

　通常のバレーボールやソフトバレーボールは、点数制で勝敗が決まる。1つのセットは、規定の点数に最小限2点差をつけて先取したチームが勝利チームとなる。授業では、時間制で試合を行う。試合時間は、状況によるが4〜8分程度で行い、試合時間終了時点で得点の高い方を勝ちとする。同点の場合には、勝敗をつけるため、もう1点分試合を続行する。試合形式は、チーム数によっても異なるがリーグ戦あるいはトーナメント方式などで行う。

⑥反則ルール

　バレーボールにも反則となるルールはあるが、試合中に反則で退場となるケースは基本的にない。

　以下に、授業でも適用する試合中に反則となる主なルールを紹介する。

●ダブルコンタクト

同じ人が続けて2回触ってしまう。「ドリブル」とも呼ばれる。

●ホールディング

ボールの動きを止めてしまう（掴む、持つ）。「キャッチボール」とも呼ばれる。

●タッチネット

プレー中に身体の一部がネットに触れてしまう。

●フォアヒット

相手コートへの返球が3打以内で戻らない（ブロックに当たった回数は除く）。

⑦ローカルルール

　授業では、受講学生のレベルは様々である。そのため、場合によってソフトバレーボールあるいはバレーボールの授業では、授業内におけるローカルルールを設定する。バレーボールは、ラリーが続くというのが大きな魅力である。しかし、同じ人がずっとサーブを打っていて得点が片方のチームにしか入らないゲームになってしまうことも多い。そこで、たくさんの人がサーブする機会を得るように、「サーブ権を持っているチームが得点した場合でもサーブは1球ずつローテーションして行う」といったルールを適用する。

３）安全上の注意点

①通常のルールでは、ラリー中に足でボールを扱っても可とされているが、授業内では、ボールに向けて出した足とボールを拾おうとしている者の頭や手がぶつかってしまい大怪我に繋がる恐れがあるため、足の使用を禁止している（サッカー経験者は要注意）。

②声を掛け合わずにひとつのボールに向かっていくと、衝突してしまい思わぬ怪我に繋がる恐れがあるため、必ず声を掛け合いながらプレーする。

※チームとしてのレベルを上げていくためにも非常に重要となる。

4）競技ルール
　バレーボールに興味がある場合には、次の日本バレーボール協会のホームページ、シッティングバレーボールのルールに関しては、次の日本パラバレーボール協会の公式ホームページや日本パラリンピック委員会の公式ホームページを参照しよう。
（1）公益財団法人日本バレーボール協会
　　https：//www.jva.or.jp/play/beginner.html
（2）一般社団法人日本パラバレーボール協会
　　https：//www.jsva.info/spoting_events/sitting/
（3）日本パラリンピック委員会
　　https：//www.parasports.or.jp/paralympic/sports/sitting-volleyball.html

（曽根　良太）

（2）インディアカ

1）インディアカとは
　インディアカは、旧西ドイツ発祥で、大きな赤い羽根のついたボール
を、手で打つ、バレーボールと似たスポーツである。ソフトバレーボールのネット
を用い、2チームに分かれてプレーする。ルールは比較的簡単であり、男女ともに気
軽に楽しむことができる。
　この種目の魅力は、「赤い羽根募金の羽」を大きくしたようなユーモラスな形状で
あることに加え、片手で撃ち合うというユニークさ、そしてバレーボールと同様にス
パイクやブロックまで行える醍醐味がある。

2）授業でのインディアカ
　授業においてはバドミントンコートを用いる。ネットの高さは200cmとすることが
多い。腕を挙げるとほぼネットを越える高さになる。ネット際でのブロックを除き、
肘から下の片手で打つルール（両手でのレシーブやトスはできない）なので片手で打
つことに慣れる。

図3-10　インディアカの授業風景

①円陣インディアカ
　片手でインディアカを打つことに慣れる練習を行う。手の指をしっかりつけて手の
ひらを板のようにし、できるだけ手のひらの真ん中にあたるように練習する。とくに
女子では、最初は手に力が入っておらず、打ってもポロッと落ちてしまうことが多い
ので「手を硬い板にする」ことに重点を置く。
　インディアカはボールとは異なり、ほとんど弾まないのでやや強く上方へ打ち返す
ようにする。また上手に打つコツとしては、飛んでくる派手な赤い羽根部分は見ず、
クリーム色の打突部分のみを見て打つと正確性が増す。

4〜5人で円陣インディアカを実施する際は、「制限時間の中で10回あるいは20回、落とさずに続けること」などのノルマを設ける。これにより、集中力が高まるとともに、「一羽入魂」をチームで共有することができる。

②サーブ
　バレーボールと異なる点の1つとして、サーブは自身のコート内の1/4のエリアからアンダーハンドでサーブをすることにある。慣れればとても簡単だが、バレーボールのようにインディアカをトスして打つとミスしやすくなる。羽をもち、それを動かさずに打突する手で、クリーム色の部分のみを見て打つのがポイントである。

③ゲーム
　時間は状況によるが1ゲーム5分ほどで行い、得点の高い方が勝ちとする。人数は4〜5人ずつとする。ネット型種目に共通するが「お見合い」しないように、声を掛け合いながら自ら積極的に打ちに行くようにする。前述したようにインディアカは弾まないので、上部方向へやや強く打つようにする。
　慣れてきたら、できるだけスパイクやブロックまでできるようにする。

④ファウル
　この種目ではほとんどファウルはないが、サーブの時に腰より上から打突することがあるので注意する。

3）安全上の注意点
①片手で打つので、打とうしてチームメイトと手と手がぶつかり、突き指をしないように注意する。
②ネットタッチに注意する。また、スパイクのためのトスをネット近くに上げると、スパイクを打つ者がネットタッチをしやすくなるので、少しネットから離してトスするようにする。

4）競技ルール
　インディアカに興味がある場合には、ルールに関して次の日本インディアカ協会のホームページを参照しよう。

　　https：//japan-indiaca.com/indiacarule/

（上岡　洋晴）

（3）セパタクロー

1）セパタクローとは

　セパタクローは、9世紀に東南アジア発祥のスポーツとされ、「セパ」はマレー語で「蹴る」、「タクロー」はタイ語で「（籐で編んだ）ボール」という意味での造語である。バドミントンの高さのネットを両チームはさみ、脚や腿または頭を使ってボールを相手コートに打ち込む競技で、バレーボールに似ている。前述のように手ではなく、基本的に脚で行う点が大きく異なる。

　この種目の魅力（一流選手では）は、ネットの高さ以上に跳び上がってのハイキック、さらにはオーバーヘッドキックをしながら宙返りのように着地するアタックは圧巻である。またアタックのスピードは極めて速いことから「蹴る格闘技」とも称されている。

　ただし、授業では公式球は硬いこと、ボールコントロールが極めて難しいことから、安全に競技を続きやすくするためにソフトバレーボールを使う。授業ではヘディング（本来の競技ではほとんどヘディングはしない）を多用することで、楽しくゲームをすることができる。

2）授業でのセパタクロー

　授業においてはバドミントンコートを用いる。ネットの高さは155cmとすることが多い。低いほど速いボールが来ることを意味するので、それが難しい場合には高さを少し上げることがある。

図3-11　セパタクローの授業風景

① 返球

　2人組になって片方がボールを投げそれを上手に蹴り返す、あるいはヘディングで返球する練習を行う。勘違いしがちなのが、ルールでは合計3タッチ以内で相手コートへ返球するが、自身で3回までタッチすることが可能だということである。バレーボールに慣れているので、一度自身でタッチしてしまうと、次は他のメンバーが打た

なければならないという感覚が残っている。もし、中途半端にボールにタッチしたら他者でなく、自身でもう1回、2回とタッチして返球しても構わないというボールコントロールに慣れる。要はリフティングしての返球ができるということである。

②円陣セパタクロー（蹴鞠）
　4～5人で円陣セパタクローを実施する際は、「制限時間の中で5回あるいは10回、落とさずに続けること」などのノルマを設ける。これにより、集中力が高まるとともに、「一球入魂」をチームで共有することができる。

③サーブ
　バレーボールと異なる点の1つはサーブである。サーブをする側のチームのコートの横からトッサーがボールを下から優しく投げ、それをキッカーがダイレクトに相手コートに蹴り入れることから開始となる。両者の呼吸がとても重要であり、蹴りにくい所へトッサーが投げると正確に蹴れずに失点になる。したがって、「投げる－相手コートへ蹴り入れる」の練習を繰り返す必要がある。

④ゲーム
　時間は状況によるが1ゲーム5分位とし、得点の高い方が勝ちとする。本来は3人だが、人数は4～5人ずつとする。ネット型種目に共通するが「お見合い」をしないよう声を掛け合いながら自ら積極的に打ちに行く。ポジションはあえてローテーションとし、慣れてきたら、できるだけアタックやブロックまでできるようにする。

⑤フォルト
　センターラインを越えて相手の体の一部分に触れたりネットに触れる。オーバーネットしてボールを蹴る。連続して4回以上ボールにタッチして返球する（オーバータイムス）。ボールを手・腕でタッチするなどである。

3）安全上の注意点
①ボールを蹴るときにチームメイトと足と足がぶつからないように注意する。
②ネットタッチに注意する。授業ではヘディングも該当する。ネットに顔を突っ込んでけがをしないように注意する。

4）競技ルール
　セパタクローに興味がある場合には、ルールに関して次の日本セパタクロー協会のホームページを参照しよう。
　http：//jstaf.jp/sepa/rule.html

（上岡　洋晴）

（4）卓 球

1）卓球とは

　卓球は、オリンピックや世界選手権、ワールドカップなどにおける日本選手の活躍もあり、競技人口も多くメジャースポーツとなっている。小さい台でシングルス、ダブルスでプレーできる。ルールは比較的簡単であり、安全性も高く、男女ともに気軽に楽しむことができる。

　この種目の魅力は、スマッシュを決めたときの爽快感や、ラリーを繋ぎ粘り切って得点したときなどの喜びである。もちろん、ラケット種目なので、相手が嫌がる、苦手なところに打ち込んで反撃を封じ込むという特徴がある。

2）授業での卓球

　授業においてはシングルスとダブルスともに行う。最初に基本練習をしてからゲームをたくさん行う。

図3-12　卓球の授業風景

①ラケット選択

　ラケットは2種類、握手をするように握る「シェーク」とペンを握るような「ペンホルダー」がある。初心者はラケットの握り方に違和感が少ないことと、両面を使える前者「シェーク」の方が使いやすいため推奨している。しかし、後者を希望することは自由である。

②サーブ

　サーブができないとゲームが成り立たないため、入念に練習する。顔の前で軽くトスして打ち、自身側の手前の台と、ネットを越えて相手の台の部分にバウンドさせる。

③ラリー

　フォアハンド、バックハンドをそれぞれ相手と数多く続けられるように練習する。１人でもラケットの面とスイングを安定させるための練習として、壁打ちを併用することがある。硬い形状の壁から２〜３m離れ、ボールを打ち足元のフロアーにバウンドさせ、次いでボールが壁に当たり、自身に戻ってくるのを再度打ち、これを繰り返すものである。

④ゲーム

　シングルス、ダブルスともに１ゲーム11点とし、サーブを２本交代で行う。もし、10対10になったらサーブを１本ずつにし、２点連続先取した方が勝ちとなる。ダブルスでは、サーブする側が右手前のエリアに１度バウンドさせ、相手側の左エリアに対角に打つというルールがあるが、これが難しいようなら対角打ちではなく、シングルスと同様にどこでも良いとする特別ルールを設けることもある。

⑤ミス

　適正にきたボールを返せない、打ったボールがネットに引っ掛かってしまったり、台を越えてしまったりすると失点となる。また、台に脚や体がぶつかり台を動かしてしまったり、ラケットを持っていない手を台についてもいけない。相手が打ったボールをダイレクトに打っても失点となる。当然、ラケットは投げてはいけない。

３）安全上の注意点
①プレー中は危険なことはほとんどない。ごくまれに手を滑らせたり、台に引っ掛かってラケットを飛ばしてしまうことがあるので注意する。
②台を開くときと、たたむときは両側に位置して均等に力がかかるようにバランスよく行い、台を倒さないように注意する。

４）競技ルール
　卓球に興味がある場合は、ルールに関して次の日本卓球協会のホームページを参照しよう。
　https：//jtta.or.jp/rule

（上岡　洋晴）

（5）ショートテニス

1）ショートテニスとは
　ショートテニスは、ジュニアへの硬式テニスの導入のために1970年
代にスウェーデンで考案され、以降イギリスそして世界へと広がった。
トップテニス選手の育成には、他のスポーツと同様に小さいころから始めることが有
効だが、大人と同じラケットやボールを用いるとテニス肘に代表されるようにスポー
ツ障害を引き起こしてしまう。そこで、軽くて小さいラケット、スポンジの柔らかい
ボールを用いてフォームは大人と同様にできるように工夫された。通常は室内でバド
ミントンコートなどを利用して行うことが多い。
　スポンジのボールなので安全であることと、強く打ってもその材質により吸収され
ボールのスピードが減速することから、初心者でもラリーが続きやすく、老若男女広
く楽しむことができる。
　この種目の魅力は、ラリーが続きやすくテニスが楽しくなることにある。硬式テニ
スや軟式テニスは、ラケット・コントロールの困難さや、球速が速いのでボールに追
いついて正確に打てるようにタイミングをとるのが初心者には難しいが、ショートテ
ニスの場合には10～20分ほどでラリーができるようになる。これにより、テニスが上
手になった気分になれるので、初心者にはうってつけのラケット種目の1つである。

2）授業でのショートテニス
　授業においてはバドミントンコートを用いる。ネットの高さは90～100cmとするこ
とが多い。ラケットはジュニア用ので長さは約55cm、重さは約190g、ボールは発泡
ウレタン製で直径約8 cm、重さ約16gのものを用いる。

図3-13　ショートテニスの授業風景

①ラケットの握りと面の使い方

　ラケットのフレームを上下として、握手をするようにグリップエンドを握る硬式テニススタイルとし、ラケットの両面を使えるようにする。

　フォア、バック両方の面を用いて顔の前でボールを弾ませて慣れる。慣れてきたら両面を交互に打つ練習や、高く打ち上げ小さく打つなどの強弱交互に打つ練習などもする。

②ストロークとボレーの壁打ち

　壁を用いて、ストロークとボレーの練習を行う。ストロークは手打ちにならないよう大きなフォームになるように練習する。ボレーは跳ね返ってくるボールに対してラケットの面が適切につくれるよう体を上手に動かしながら打つ。とくに体の正面部分（顔から下）へのボールは打ちにくいので、身をかわしながら打つ感覚を体得する。

③ラリー

　コートを挟んで相手とラリーが続くように打ち合う。ボールはあまり弾まずブレーキがかかるような動きをするので慣れる。また、コートはテニスコートの1/3ほどと狭いので、オーバーしないようにコントロールする。

④サーブ

　エンドラインの外側から相手コート奥のエリアにワンバウンドするように練習する。

⑤ゲーム

　シングルス、ダブルスともに11点マッチ（卓球方式）で行い、サーブは2本ずつで交代する。硬式テニスのようにフォルトはなく、サーブミスを1度すると即1点である。

3）安全上の注意点

①安全性の高い種目だが、一般的な注意事項としてダブルス時に仲間のプレーヤーとラケットがぶつからないように注意する。

②手を滑らせてラケットを飛ばさないように注意する。

4）競技ルール

　ショートテニスに興味がある場合には、ルールに関して次のショートテニスジャパンのホームページを参照しよう。

　https：//www.shorttennis.org/aboutshorttennis

（上岡　洋晴）

（6）バドミントン

1）バドミントンとは
　バドミントンは、ネットを挟み、1対1（シングルス）または2対2（ダブルス）でシャトルを打ち合うネット型の種目である。シャトルが相手のコート内につくか、相手がフォルト（後述）をした場合に自チームの得点になる。決められた得点を先に取った方が各ゲームの勝者となる。
　バドミントンの特徴は、ラケットが軽く扱いやすいこと、シャトルの軌道予測がしやすいため、ラケットにシャトルが当たりやすいことである。そのため、初心者でも気軽に楽しむことができる。
　バドミントンの面白さは、相手との駆け引きをすることにある。授業の進め方の例としては、お互いに相手を狙ってシャトルを床に落とさずに打ち合う、左右・前後を狙って相手を動かすように打つ、シャトルの速度や軌道に変化をつけて相手のいないところへ打つ、というように技術と戦術を発展させる。

図3-14　バドミントン授業の様子

2）授業でのバドミントン
①コートの設定、使用する用具、試合の勝敗
　バドミントン用の支柱は、コート面から1.550mの高さになるように、決められた場所に設置する。支柱は他種目と共用のため伸び縮みするが、バドミントンでは、支柱が最も短い状態で使用する。ネット中央部分がたるまず張られた状態になるようにネットのひもを支柱に結びつける。授業におけるコートの大きさは、公式試合の設定と同様とする（図3-15）。
　バドミントンのシャトルには、天然素材、合成素材またはその両方を使用したものがある。天然素材では、ガチョウなどの水鳥の羽根が使われることが多い。一方で、授業では耐久性が高いナイロン製のシャトルを使用する。シャトルの重さは、4.74gから5.50gである。バドミントンのラケットは、フレームの全長が680mm以内、幅が

230mm以内である。

　公式試合では、21点を先取した側がそのゲームの勝者、2ゲームを先取した側が試合の勝者となる。授業では、試合時間を決めて行うことが多い。その場合は、試合終了時に得点が多かったほうを勝ちとする。

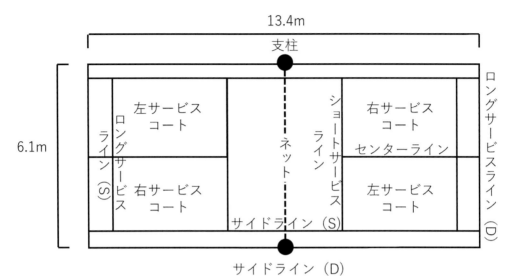

図3-15　バドミントンコートの設定（上からみた図）
(S)：シングルスのライン、(D)：ダブルスのライン

②ルール

　授業を行う上での最低限知っておくべきルールは3つある。まず、得点はシャトルが相手のコート内についた、または相手がフォルトをしたときである。

　次に、ラリー中の主なフォルトは次のとおりである。

●相手が打ったシャトルが自コートの境界線の外に落ちたとき（境界線上や内ではない）、ネットの上を越えなかったとき。

●コート内において、シャトルが身体や着衣に触れたとき。

●同じプレーヤーが2回連続で打ったとき、またはプレーヤーとそのパートナーが連続して打ったとき。

　最後に、サービスの主なルールは以下のとおりである。

●サービスをする者と受ける者は、斜めに向かい合ったサービスコート内（図3-15）に立ち、サービスする者は相手のサービスコート内側に落ちるように打つ。

●シングルスの場合、サービスを受ける側の得点が0^{ゼロ}または偶数のときは右サービスコート、奇数のときは左サービスコート内に立つ。

●ダブルスの場合、サービスをする者と受ける者は、サービスをする側の得点が0または偶数のときは右サービスコート内、得点が奇数のときは左サービスコート内に立つ。

●ダブルスの場合、サービスをした側が得点したときは、同じ者がサービスをする。相手が得点しサービス権が移動したときは、サービスする者は交代する。

③基本的な個人技術

　ラケットには面があるため、握り方を工夫することでシャトルが打ちやすくなる。ラケットの握り方は3つに分類される（図3-16）。

●ウエスタングリップ（初心者向け）：ラケットを床に置き、上から握る。そのまま持ち上げると、ラケット面が相手コートの方向に向いているため、頭上のシャトルを打つとき（オーバーヘッドストローク）に使用するとよい。

●イースタングリップ（基本）：ラケットを床と垂直にした状態で握手するように握る。そのまま腕を利き腕側の横方向に開くと、ラケット面が相手コートの方向を向くので、利き腕側にあるシャトルを打つとき（フォアハンドストローク）に使用するとよい。一方で、頭上にあるシャトルを打つときには、ラケット面を相手コート方向に向けるために、腕を内側に捻る必要がある。

●サムアップグリップ：イースタングリップと同じように握り、親指を立てる。腕を利き腕と反対の横方向に閉じると、ラケット面が相手コートの方向を向く。親指を押すようにすることでラケットを力強く振ることができるため、利き腕と反対側にあるシャトルを打つとき（バックハンドストローク）に使用するとよい。身体の正面にあるシャトルを打つときは、肘を曲げることで対応する。

　このように、ラケットの握り方とシャトルを打つ位置の関係は複雑であり、上級者になると瞬時にグリップの握りを変えることで相手が打ったシャトルに対応をしている。初心者は、まずウエスタングリップで頭上にあるシャトルを狙ったところに打てるようにする。その後に、ラケットの握り方を変えながら、フォアハンド側（イースタングリップ）、バックハンド側（サムアップグリップ）の順に修得していくと良い

上からみた場合

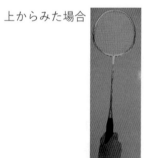

横からみた場合

図3-16　グリップの握り方
左：ウエスタングリップ、中：イースタングリップ、右：サムアップグリップ

だろう。

　バドミントンの楽しさのひとつは、狙ったところに速度・軌道の異なるシャトルを打ち、得点をすることである。軌道は３種類に大別される。

●ドロップ・ヘアピン：相手のネット前方に沈む軌道。相手がコートの後方にいる場合や予測していない場合に有効なショットである。軌道が高いと相手に強く打たれてしまうので、ネット上のギリギリを狙う。

●ドライブ・スマッシュ・プッシュ：床と平行から鋭角に進む軌道。シャトルの速度が高く、返球しにくいため、得点できる可能性が高いショットである。ラケットを速く振り、ラケット面が垂直よりも鋭角になるように打つ。

●クリア・ロビング：相手のコート後方への大きなフライ軌道。シャトルがコート後方まで飛ばないと相手のチャンスボールになってしまう。まずは身体を大きく使ってシャトルを遠くに飛ばせるようにする。

④基本的な戦術

　シングルス、ダブルスに共通した戦術は、相手の様子をよく観察して、相手が予想していない・苦手・届かない速度や軌道のシャトルを打つことである。勢いよくシャトルを飛ばせば得点ができるわけではない。ラリーの中でシャトルに遅速をつける、後方に打つと見せかけネット際に沈むように打つなど、相手を惑わせるように打ってみよう。

　シングルスでは、コート内全てを１人で守る必要がある。シャトルを打った後にコートの中央に素早く戻ることで、相手に空いたところを狙われないようにする。ダブルスでは、初心者に何も教えなければ、ペアと左右横並びでプレーをする場合が多いが、バドミントン経験者は、コートの前後縦並びと横並びを併用する。前衛はネット近くのシャトルを打ち、後衛はコート後方からスマッシュで攻める、また、一方がネット近くに移動したら、もう一方が後方に移動するなど、ペアの位置を常に意識して、２人の位置がコート内で偏らないようにする。授業時には、ペアと相談して役割分担をしてみよう。

3）安全上の注意点

　注意点は３点ある。まず、シャトルを打つときに関節を過度に捻ることによる怪我である。予想していないところに飛んできたシャトルを打ったとき、姿勢が崩れているのに無理してシャトルを打ったときに関節が過度に捻られることがある。受傷部位は、足、膝、肩関節が多く、軽度であれば捻挫、重症の場合は靭帯を損傷する場合もある。準備運動を入念に行うこと、無理のない姿勢でラケットを振るためによく足を動かすことが怪我の予防につながる。

　２つ目は、ラケットが身体に当たることによる外傷である。シングルスでは、ネットを挟んでプレーするため、基本的には接触プレーはない。一方で、ダブルスでは狭

いコート内でプレーするため、ペアのラケットが目、頭、指などに当たる怪我が起こりやすい。常に相手との距離感を意識して、ペアに近づかないようにすること、両者の間にシャトルが飛んだ場合にはどちらが打つのか声掛けすると怪我の予防ができる。

　3つ目は、シャトルが目に当たることによる外傷である。自分と相手の両者がネットに近いところでプレーする場合には、相手の身体を狙って強くシャトルを打つプレーは絶対に行わない。

4）競技ルール

　上記は授業でバドミントンを行う上で知っておくべき最低限のルールについて紹介をした。より詳しい競技説明やルールについては、「バドミントン競技規則」を調べてみよう。

公益財団法人日本バドミントン協会公式ホームページ

https：//www.badminton.or.jp/rule/docs/rule_20220401.pdf

（勝亦　陽一）

3．ベースボール型種目

（1）ソフトボール（キックベースボール含む）

1）ソフトボールとは

　ソフトボールは、ベースボール（野球）から派生した種目であり、基本的なルールは同様である。ゴール型やネット型では、攻守が常に入れ替わるが、ベースボール型では、2つのチームが攻撃と守備に分かれて得点を競う。得点は、一塁、二塁、三塁、本塁の順に走者が進塁したときに記録される。攻守は3アウト（打者が打席に、走者が塁にいる資格を失うこと）で交代する。両チームが規定の回数を攻撃し終えたときに得点が多いチームの勝利となる。

　ベースボール型種目の各プレーは、守備側の投手が球を投げることから始まる。ソフトボールでは、投手がアンダースローに近い形で投球する。攻撃側はバットで球を打ち、できるだけ進塁しようとする。打撃で使用するバットは円柱型で細く、ラケットのような打撃面がないため、バットを球に当てることが難しい。一方で打撃面を気にすることなく自由に振ることができ、球を遠くに飛ばすと得点の可能性は高まる。典型例が本塁打（ホームラン、一人で本塁まで進塁し得点）である。初めのうちは、打撃の難しさを感じるかもしれないが、失敗を恐れずバットを振り、球がバットに当たったとき、遠くに飛んだときの喜びを感じてもらいたい。

図3-17　ソフトボールの授業風景

2）授業でのソフトボール

①球場の大きさ、守備位置（ポジション）、規定回数

　公式のソフトボール場は、本塁から一塁までの距離が18.29m、本塁から外野フェンスまでの距離が76.2m以上である（図3-18）。ベースボールは一塁までの距離が27.44m、本塁から外野フェンスまでの一般的な最短距離が90〜100mである。したがって、ソフトボールの球場は、ベースボールの2／3の大きさである。授業では、公式の球場と同程度の塁間距離かそれよりも短い距離で行う。投手と捕手との距離は塁間に合わせて調整する。

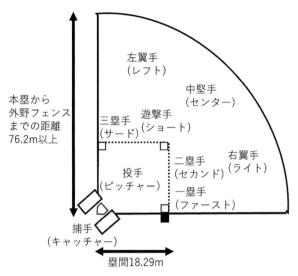

図3-18 ソフトボール場の大きさと守備位置（ポジション）

守備位置は図3-18のとおりである。ベースボール型では、ゴール型種目とは異なり、プレー中に守備位置が入れ替わることはほとんどない。打球に最も近いところにいる者が球を捕球するのが基本である。

公式の規定回数は7回である。授業では、試合開始から終了までにおおよそ90分かかるため、3～4回または時間制限を設けて行う。

②ルール

授業を行う上で最低限知っておくべきルールは3つある。まず、ストライクとボールである。ボールは、投手が投げた球がストライクゾーン（本塁ベースの横幅かつ打者の膝からみぞおちまでの範囲）を通過せず、打者がバットを振らなかったときである。ボールが4球になると打者は四球（フォアボール）で一塁に進塁する。ストライクはそれ以外のときであり、次の3つである。

●投手が投げた球がストライクゾーンを通過し、打者がバットを振らなかったとき（見逃しストライク）

●投手が投げた球の軌道に関わらず、打者がバットを振ったが、球に当たらなかったとき（空振りストライク）

●投手が投げた球の軌道に関わらず、打者が打った球がフェアグラウンドに入らなかったとき（ファウルボール）

※フェアグラウンド：本塁を中心にした90度の範囲のこと。それ以外はファウルグラウンド。

次のルールはアウトとセーフである。まず、2ストライクから見逃しストライクまたは空振りストライクになったとき、打者は三振（アウト）である。走者（ランナー）がいない状況において、バットが球に当たったときのアウトは、次の3つである。

●打者が打った球を守備側が地面に着く前に捕球したとき（フェア・ファウルグラウンドに関わらず）（フライアウト）

●打者が打った球がフェアグラウンドに着いた後、守備側が球をもった手またはグラブで塁上にいない打者をタッチしたとき（タッチアウト）

●打者が打った球がフェアグラウンドに着いた後、球を持った守備側が打者よりも早く一塁に触れたとき（フォースアウト）

走者が複数いるときのアウトは、2つの場合がある。

○すべての状況において、守備側が球をもった手またはグラブで塁上にいない走者をタッチしたとき（タッチアウト）

○走者が打者に押し出される状況において、打者が打った球がフェアグラウンドに着いた後、走者が進まなければいけない塁を、球を持った守備側が走者よりも先に触れたとき（フォースアウト）

※走者が打者に押し出される状況とは、走者が一塁にいるとき（一塁、一・二塁、満塁、一・三塁（三塁走者は押し出されない））である。

　セーフは、打者・走者が進まなければいけない塁に守備側よりも早く触れたとき、および塁上で守備側からタッチされたときである。なお、フライアウトのとき、走者は、守備側が捕球した後であれば現在の塁上から次の塁へ進むことができる。

　最後に反則行為を2つ紹介する。1つ目は守備妨害である。これは打者や走者が守備側の打球捕球を邪魔する行為であり、走者はアウトになる。例えば、二塁手が球を捕球しようとしたときに、一塁から二塁に進塁しようとした走者が二塁手に接触した場合である。2つ目は走塁妨害である。これは走者の進塁を打球の捕球をしようとしていない守備側が邪魔をする行為であり、走者は妨害がなければ進めたであろう塁まで進塁が認められる。例えば、左翼手のところにゴロが飛んだときに、一塁から二塁に進塁しようとしている走者が二塁手に接触して二塁に進めなかった場合である。

③基本的な個人技術

　野球では、投球、打撃、捕球、走塁といった個人技術がある。まず、投球と打撃に共通する基礎的な技術を説明する。投球方向または投手方向に対して「横向き」に立つ。左脚（右投げ、右打ちの場合）を横向きに「踏み出し」、身体全体を素早く「回転」させながら投球または打撃を行うことで、速い球を投げたり、勢いよくバットを振ったりすることができる。一方で、初心者の場合は、「正面向き」で立ち、脚の「踏み出し」が小さく、結果として身体を素早く「回転」させることができない。また、力み過ぎるとコントロールが乱れることもあるので、肩の力を抜いてプレーする。

　守備側は、球の捕球のために道具（グラブ）を使用する。捕球が難しいと感じる人は、球の軌道を予測して、グラブ側の手のひらを球に当てるようにするとよい。捕球した後は、投球する側の手に素早く球を持ち替える、投球方向に素早くステップする、といった実践的な技術を習得する。

ベースボール型では、右回り（反時計回り）に走る。一塁まで進む場合は直線に、2つ以上の塁を進む場合は、曲線になるように走るのがコツである。

　ベースボール型種目はルールが多く、走者の有無などの状況も複雑であるため、特に走塁は難しい。ベースボール型種目の経験者やルールを理解している人は、それを理解していないチームメイトに対して、各プレーの前や打撃後に、次の塁に進まなければいけない、進んでよい、進まなくてよい、進んではいけない、の4つの状況のどれなのかを伝えてあげるとよいだろう。

3）安全上の注意点

　注意点は3点ある。まず、バットの取り扱いに注意する。バットを持っている人は、自分の周囲に人がいないことを確認してからバットを振る。一方で、周囲にバットを持っている人がいる場合には、急にバットを振る可能性があるので注意する。試合では、打者のすぐ後ろに捕手がいるので、捕手をバットで叩かないようにお互いに十分に距離をとるようにする。また、球を打った後は、バットを地面に置いてから一塁へ走る。「バットを投げてはいけない」と頭で理解していてもバットを投げる人がいる。周囲の者はバットが飛んでくる可能性があると思って打者から目を離さない。

　次に、走者と守備側の接触に注意する。特に塁上での接触が多い。一塁は安全のために色の異なる二つのベースがある。守備側は白、打者はオレンジ色（図3-18では黒で示している）を触れるようにする。二塁、三塁および本塁は、守備側が塁上に立っていると走者と接触する可能性があるので、基本的には塁上には立たない。

　最後に、球が胸に当たらないように注意する。小さく硬い球が胸に当たることで、心臓震盪が発症する可能性がある（第3章1項（2）「サッカー」の項を参照）。授業では公式の球よりも柔らかい球を使用するので危険性は低いが、捕球時に球を胸で受け止めるプレーは避ける。

4）競技ルール

　上記はソフトボールのルールの一部を示している。その他のルールを確認したい人は、「公益財団法人日本ソフトボール協会」のホームページからルールを調べてみよう。

　ベースボール型には、サッカーの要素を加えたキックベースボールがある。この種目では、投手はソフトボールよりも大きい球を転がし、打者は球を蹴る。守備側が走者に球を当てるとアウトになる、などのソフトボールとは異なるルールもある。キックベースボールに興味のある人は、以下から調べてみよう。

（1）公益財団法人日本ソフトボール協会公式ホームページ
　http：//www.softball.or.jp/knowledge/
（2）日本フットベースボール協会公式ホームページ
　http：//www17.plala.or.jp/kickbaseball/JFBA/RuleBook.pdf

（勝亦　陽一）

4．ターゲット型種目

（1）ゴルフ

1）ゴルフとは

　ゴルフはお金がかかる、年長者の行うスポーツというイメージが以前は強かったが、とくにコロナ禍になって以降は、自然豊かな緑の中で他者との接触が少なく楽しめることから若年層でも人気が高まっている。実際のコースをラウンドするときは電動カートを使うことがほとんどであり、高齢者になってもできるということで、生涯スポーツとしての魅力もある。

　ゴルフは距離に応じて複数のクラブの中から最適なものを選択し、ボールを打って直径10.8cmの穴に入れるまでの打数で競うスポーツである。実際にゴルフコースでプレーする場合（各コースによって異なる）には、距離が130m程度の短いショートホールから600mにもなるロングホールと多様である。距離の表示には通常はメートルでなく、ヤードを用いる。1ヤードは約0.9mである。

　競技の要素をごく簡単に述べると、ドライバーで力強く遠くへ打つ、アイアンなどで中程度にコントロール良く飛ばす、最後の仕上げであるグリーンでは小さい穴に1回で入るよう、パターで繊細に小さく打って最少打数を目指す。このように同じ打つ動作でも異なる能力が求められる。

2）授業でのゴルフ

　授業においては、パターとアイアンでのショットを練習する。

図3-19　ゴルフの授業風景

①パター

　長さ1.8mほどの練習グリーンを用いて練習を行う。構えでは脇をしめてグリップを握り、クラブの面がターゲットホールそしてボールに向って直角になっているのを

確認する。ほんの少しだけクラブをテイクバックし優しく打つ。最初はほぼすべての者が強く打ちすぎてしまうので、本当に小さく打つのがポイントである。

②アイアンショット（ピッチングウエッジ）
＜グリップ＞
　右打ちの場合（左打ちは逆）、左手の人差し指と、右手の小指を指切りするように深く絡ませる。その間にクラブを入れて握る（図3-20）。

図3-20　グリップ（クラブの握り方）

＜アドレス＞
　ボールを正面にし、クラブを持ったまま、肩幅よりやや広いくらいに足を開いて立つ。軽く膝関節を曲げる。背筋や首はまっすぐにしたままで股関節だけを前方へ曲げる（折る）。クラブの元と自身の腹部がこぶし2個程度あくようにして構える。前傾しているので重心は腹部前にあり、両足の母指球や親指に体重が多くかかっている状態にする。
＜スイング＞
　右打ちの場合（左打ちは逆）両肩とグリップの三角形を維持したままで、肘を極力

図3-21　アドレスとスイング（クラブの振り上げ方）

曲げずに右耳の頭の上の方へ引き上げるようにしてテイクバック（振り上げ）する。このとき、つられて下半身が伸びて起きてしまわないようにすることと、頭の位置はボールを見たままで動かさない。最高位まで行ったら、ボールをしっかり見たままでクラブを振り下ろす。フォロースルーは自然な形で止まるところまで振り抜く。

●空振りやミスショットになる典型動作
　「ヘッドアップ」ボールが当たる瞬間まで見ておらず、ボールが飛ぶ方向へ顔を向けてしまうことで空振りしやすくなる。「下半身が起きる」せっかくアドレスで地面からのパワーを得る構えをしたのに、クラブを振り上げるときに下半身が伸びて棒立ちのようになってしまい空振りしやすくなる。「スイングするときに左右に下半身がスライドする」野球の打つ動作のように左右への重心移動があることで打点がずれてしまう。「ボールに当てに行きすぎる」回転運動としてのスイングではなく、ボールに当てることに注力しすぎてスイングの軌道がボールに向かって円ではなく楕円となり、地面をたたきやすくなる（ダフる）。

３）安全上の注意点
①クラブは凶器になりうる。振り回したり、周囲を確認せずにスイングしない。教員の指示があったときのみスイングする。反対にショット練習中にボーっと歩き回っているとクラブが当たる可能性があるので注意する。
②パターをするときは正式なボール（オレンジ色または黄色）を用いるが、ショットのときは危険なのでプラスティックボール（白色）を用いる。ショットでは絶対に正式なボールを打ってはならない。授業はボールのミスがないように、色違いで明確に区分している。
③スイングする際に気を抜くとクラブを飛ばしてしまうことがあり、大変危険なので注意する。

４）競技ルール
　ゴルフに興味がある場合には、ルールに関して次の日本ゴルフ協会のホームページを参照しよう。
　http：//www.jga.or.jp/jga/html/rules/rules.html

（上岡　洋晴）

（2）ボッチャ

1）ボッチャとは

　ボッチャは、目標球にどれだけ球を近づけられるかを個人、ペア、チームで競うターゲット型の種目である。脳性麻痺者や四肢の機能障害などがある方のためにヨーロッパで生まれたスポーツであり、現在はパラリンピックの正式種目でもある。

　球は上から投げる、下から転がす、足で蹴るなどのほか、勾配具を使ってもよい（以下は投球として説明をする）。そのため、ボッチャは、老若男女、障がいの有無に関わらず、多様な人が競い合うことができる種目である。

図3-22　ボッチャの授業風景

2）授業でのボッチャ

①コートの設定、使用する道具

　公式競技用コートの大きさは、12.5m×6mである。これはバドミントンコート（13.4m×6.1m）に近い大きさであるため、授業においては図3-23のようにバドミントンコートを代用する場合が多い。

　皮革または合皮製で、周長270±8㎜、重さ275±12gの専用球を用いる。白球（目標球またはジャックボール）が1球、色球（赤・青）がそれぞれ6球ある。試合は、個人、ペア、チーム（3人1組）戦により行う。いずれの場合も、2.5m×1mのスローイングボックス内で投球をする。個人戦ではボックス③（赤）および④（青）、ペア戦ではボックス②④（赤）および③⑤（青）、チーム戦ではボックス①③⑤（赤）および②④⑥（青）内で投球する。

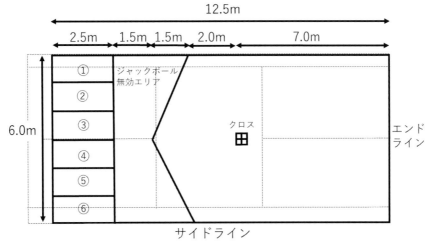

図3-23　ボッチャコートの設定（上からみた図）
実線：ボッチャコート、点線：バドミントンコート

②試合の手順

　赤球チームの先行で試合を開始する。赤球チームは目標球（白球）を投げる。目標球は、ジャックボールラインを越えてコート内の有効エリアに収まるように投げる。有効エリアに入らなかった場合は、青球チームが目標球を投げる。有効エリアに目標球が収まるまで交互に投球する。

　色球の投球は、目標球が有効エリアに投球した側から行う（通常は赤球チームから投球）。次に相手側（青球チーム）が投球する。それぞれのチームが1球ずつ投球した後は、投球された球が目標球から遠いチームが投球する。両チームの球がなくなるまで、この手順で投球を行う。一方のチームがすべての球を投球したときは、目標球からの距離に関わらず、球が残っているチームが投球する。両チームがすべての球を投げ終えたら試合は終了する。

　なお、色球投球以降において、目標球がコート外に出た場合は、コート中央のクロスに戻される。

　得点については、目標球に最も近い球のチームに1点が与えられる。目標球に次に近い球が最も近い球と同じ色のときは、もう1点が与えられる。つまり、最大で6点が与えられるということである。もし色の異なる球が2球以上目標球から等しい距離にあり、それ以上に目標球に近い球がないときは、両チームに球の数分だけ得点が与えられる。

　授業において、審判をつける場合は、目標球と各球との距離を審判が判定する。審判不在の場合には、セルフジャッジで行う。目視での判定が難しい場合には、メジャーなどで距離を測定する。

　複数の試合を行う場合には、先行と後攻を入れ替えて行う。また、非利き手のみでの投球、蹴るなど、プレーの方法を変更して行う場合もある。

③技術および戦術

　技術としては、ボックスの位置、投球の速さ、投射角度、回転の向きを調整して球を狙ったところに投げることが必要である。投射角度は、垂直に近いほど球が床についた後に転がらず、水平に近いほど転がる。また、回転の向きは、トップスピン（進行方向への回転）では球が床についた後に進行方向に転がりやすく、バックスピン（進行方向とは反対方向への回転）では転がりにくい。

　戦術としては、目標球に近づけるように投げるだけでなく、相手の投球コースを防ぐように球を置く、コート上にある球を飛び越えるように球をバウンドさせる、コート上にある球に強く当てて目標球に近づける、などがある。また、目標球を動かすことで形勢逆転を狙うこともある。目標球から遠かった色球が、目標球が動くことで最も近い球になることもある。たとえば目標球がコート外に出ると、クロスに戻されるので、大逆転もあり得るように、最後の一投まで勝敗が分からないところもボッチャの面白さである。

３）安全上の注意点

　基本的には、安全に行える種目である。球は小さいわりに重いので、投げ合ったり、高く投げたりしない。また、コート外に球が出た場合には、他コートで試合を行なっている者が球を踏んで怪我をする可能性もあるので、すぐに取りに行く。

４）競技ルール

　ボッチャは障がいの程度によりルールが異なる。試合を行う上での細かいルールも定められている。興味のある者は、日本ボッチャ協会ホームページを調べてみよう。

　　日本ボッチャ協会競技規則

　　https：//japan-boccia.com/pdf/jboarules.pdf

（勝亦　陽一）

5．その他の種目

（1）トランポリン

1）トランポリンとは

東京農業大学の授業における名物種目であり、半世紀以上の歴史がある。

トランポリンは、とくに子どものレクリエーションとして人気がある。無重力を感じさせるフアッとした非日常的な感覚が楽しい。一方、生得的動作のひとつとも捉えられるのは喜びのときに大人であっても飛び跳ねる動作である。たとえば、スポーツの大会・ゲームで勝利したときに観客や選手は跳び上がって喜ぶシーンを頻繁に目にする。これはスポーツに限らず、入学・入社試験や資格試験などで合格したときにも無意識にこうした動作をする。

最近、スポーツクラブでは、直径1.5mほどの家庭用トランポリンを用いてエアロビック・ダンスのような運動をするトランポビクスも流行し、健康・体力づくりに役立てられている。

健康づくりといえば、自発的に運動することが困難で運動不足になりがちな精神遅滞児やダウン症、自閉症を有する子どもにおいても、トランポリンに限っては積極的に取り組むことができるスポーツ・レクリエーションで、心身の発育発達の手段のひとつとして用いられている。前述のように理屈抜きに、重力に逆らって跳び上がることの心地良さがあるからであろう。

トランポリンの起源は、諸説ある。現在の形のトランポリンが日本に入ってきたのは1959年、米国のジョージ・ニッセン氏が日本に初めて紹介したとされている。以後、トランポリン競技としても日本に広がり、2000年のシドニーオリンピックからは、正式競技となっている。

図3-24　トランポリンの授業の様子
（タイミングを合わせて開脚ジャンプ）

２）授業でのトランポリン

　授業では、競技用のトランポリンの１周り小さいサイズの普及型のトランポリンを用いる。図３-24は授業での様子である。１台４～５人を配置し、跳ぶのは１人、他のメンバーは万一に備えて、外に飛び出さないように補助につく。参加者数に応じた数の台を用い、図３-24のように台を縦に連結して行う。

　授業での主な内容は、次のとおりである。

①台の上を歩いて感覚に慣れる。

②数回跳んでピタッと止まる練習を行う（チェックバウンス）。バランスを崩したときに、いつでも止まれるブレーキの練習が最も重要である。

③10回まっすぐジャンプ（ストレートジャンプ）して止まる、を繰り返す。

④最頂点で両手タッチ（頭の上、体の前・後、両膝の下）を行う。

⑤半分（180度）ひねる。できたら、１回（360度）ひねる。

⑥開脚ジャンプを行う（図３-24）。

⑦持ち時間（１分～１分30秒）の中で自由演技を行う。

３）安全上の注意点

①台を出すときと片付けるときは、みなで協力して教員の指示通りに行うことが重要である。注意散漫だったり、指示以外のやり方で行うと、台を転倒させたり、手足を挟んだりなど事故に繋がる恐れがあるので注意すること。

②ポケットにはハンカチやタオル以外は入れない、貴金属（ピアスも含む）や時計を外す。

③トランポリン上にいる感覚で、床面に飛び降りると脚を痛めるのでゆっくり優しく降りる。

④跳躍者に乗られてしまうので、トランポリンの真下をトンネルのようにくぐらない。

⑤髪の毛が長いままだと目をふさいでしまうので結ぶ。フード付きパーカーなども同様なことが起こるのでフード部分は収納する。腹部がダボついている服もパラシュートのように広がり足元が見えなくなるのでズボンの中にしまう。

⑥足の爪が割れることがあるので靴下を着用する。

⑦指示された技以外は絶対に行ってはならない。

⑧膝や腰などの関節に痛みがある、あるいは跳躍に不安がある場合は事前に教員へ申し出る。

４）競技ルール

　授業では競技要素を踏まえないが、競技に興味がある学生は次の日本体操協会のホームページを参照しよう。

　https：//www.jpn-gym.or.jp/trampoline/rules/

競技を閲覧したい学生はトランポリン、競技、動画のキーワードを入れて各種の動画サイトから妙技を見ることができる。

【参考文献】

山崎博和. 日本体育大学トランポリン授業用テキスト. 東京：叢文社；2022.

（上岡　洋晴）

第4章　身近でできるトレーニング

曽根　良太・李　永晃

トレーニングの原理・原則

1. どうしてトレーニングをするのか

　「トレーニング」という言葉を聞いて、みなさんはどのようなことを想像するだろうか。おそらく、筋肉隆々のボディビルダーのような姿が真っ先に頭に思い浮かんだ人も少なくないだろう。私は日本体育大学岡田隆先生の言葉「人類皆ボディビルダー」という言葉に感銘を受けた。その言葉の意味は、"生物の中で人類だけが自らの意思で体型を変えること（ボディメイク）ができる"ということである。みなさんも一度は「痩せたい」「筋肉をつけたい」「体型を維持したい」などと考えたことがあるのではないか。トレーニングのみならず、何かを行う際に効果を最大限得るためには、正しい方法で取り組むことが重要である。第4章では、理論編と実践編に分けてトレーニングに関する基礎的な知識から日常生活でも使えるトレーニングの方法について解説する。

2. トレーニングの原理・原則

　トレーニングは、ただやみくもに行っても最大限の効果を得ることはできない。表4-1にはトレーニングを行う際の原理・原則を示した。トレーニングにおける原理とは「こうすればこうなる」という自然の摂理を指している。それに対して、原則とは「より効果を得るための行動」を指している。

　まずは、3つの原理について解説する。「過負荷の原理」とは、日常生活以上の負荷をかけることで筋肉は適応を起こし、身体の変化へとつながることを意味している。「可逆性の原理」とは、頑張ってトレーニングをして身体に変化が起きても、やめてしまうとせっかくついた筋肉は落ちてしまうことを意味している。「特異性の原理」

とは、トレーニングはやり方によって効果が異なるということを意味している。極端に言うと上半身を重点的に鍛えたいと思っているときに、ランニングという選択は、目的に対しての方法としては適切ではないということである。これは、運動をやったことのない人でも容易に想像できるはずである。

　続いて、5つの原則について解説する。他の教科書などでは7原則とされることもあるが、ここでは特に重視してもらいたい5つに絞って紹介する。

　「全面性の原則」とは、どこかを部分的に鍛えるのではなく全身を満遍なく鍛えることが効果的であることを意味している。これは、トレーニングの効果を最大限に得るのはもちろんのこと、怪我の予防という観点からも非常に重要である。トレーニングをするときには、部分的ではなく全身を鍛えることを意識しよう。

　「意識性の原則」とは、どこを鍛えているのか、どうしてそのトレーニングをしているのかなど目的、意義、内容について理解してやることを意味している。鍛えたい部位にしっかり力が入っているか意識しながらトレーニングをしよう。

　「漸進性の原則」とは、ずっと同じ負荷で行っていると筋肉は適応を起こさなくなるので、負荷は徐々に高めていく必要があることを意味している。ただし、怪我にもつながる恐れがあるため、急激に負荷を高めるような手法はやめておこう。

　「反復性の原則」とは、読んで字のごとく、トレーニングは継続することが重要だということを意味している。3日坊主という言葉があるが、数日やっただけでは効果は現れない。効果がないからとすぐにやめてしまうのではなく、最低1カ月は継続して身体の変化を確認しよう。

　「個別性の原則」とは、人それぞれ性別、年齢、体力レベルは異なっているため、他の人と同じ負荷設定ではなく自分に合った負荷を設定する必要があることを意味している。まずは続けられる範囲での負荷を設定しよう。

表4-1　トレーニング3つの原理と5つの原則

原　理	
1．過負荷の原理	一定の運動負荷がなければ身体に変化は起きない
2．可逆性の原理	トレーニングをやめると元の身体に戻ってしまう
3．特異性の原理	トレーニングの内容によって効果は異なる
原　則	
1．全面性の原則	身体全体をバランス良くトレーニングする
2．意識性の原則	意義や内容についてよく理解して取り組む
3．漸進性の原則	徐々に運動負荷を高めていく必要がある
4．反復性の原則	トレーニングは反復して継続すると効果が出る
5．個別性の原則	個人の体力レベルに合わせてトレーニングする

3．目的にあったトレーニングをしよう

　トレーニングをするときは、「持久力をつけたい」や「筋肉をつけたい」、あるいは「競技力を上げたい」など人それぞれ異なった目的があるはずである。自分の目的は何かを決めることがトレーニング開始の第一歩といえる。目的が明確になったら、その目的を達成できるようなトレーニング種目を適切に選択できるようになろう。どんなトレーニングをする際にもぜひ「トレーニング3つの原理と5つの原則」を頭に入れて取り組んでもらいたい。そうすれば、みなさんの目的の達成が近づくはずである。

【参考文献】
（1）谷本道哉．筋トレまるわかり大辞典．東京：ベースボール・マガジン社；2010.
（2）編者 横浜市スポーツ医科学センター．図解スポーツトレーニングの基礎理論．東京：西東社；2011.
（3）編者 Thomas RB, Roger WE．日本語版総監修 金久博昭．NSCA決定版ストレングストレーニング&コンディショニング第3版．東京：ブックハウス・エイチディ；2010.

（曽根　良太）

レジスタンストレーニングとは

1．トレーニングの種類

　トレーニングには、大きく分けて２つの種類が存在する。ランニングや水泳など酸素を使って筋肉を動かすような比較的負荷が弱く、長い時間継続することができる「有酸素性運動」と、筋力トレーニングや短距離走など酸素を使わず筋肉を動かすような比較的負荷が強く、短時間しかできない「無酸素性運動」である。トレーニングをする際には、目的に応じて有酸素性運動と無酸素性運動を選択しながら実施していく必要がある（詳細は第１章５「体力を高めるには」を参照）。

　本項で扱うレジスタンストレーニングとは、筋肉に対して「レジスタンス＝抵抗（Resistance）」をかける動作のことである。筋肉は抵抗をかけることで、それが刺激となって筋肥大や筋力の増加へとつながっていく。ここで紹介する自重トレーニング、マシントレーニング、フリーウエイトトレーニングは、いずれも「重さ」が「抵抗」となって筋肉に負荷をかけるトレーニング方法である。それぞれのトレーニング方法のメリット・デメリットについて解説する。

2．自重トレーニング

　自重トレーニングとは、"自"分の体"重"を使ったトレーニングのことである。自重トレーニングのメリットは、どこでも気軽に"無料"で鍛えることができる点である。さらに、どんなに負荷を重くしようとしても自分の体重以上に負荷をかけることはできないため、フォームが乱れることによる怪我のリスクも低い。このように自重トレーニングは「今日からトレーニングを始めてみよう！」という初心者の方にオススメの方法である。まずは自分の体重分の負荷から筋トレを行うことで、マシントレーニングに移行するための基礎的筋力をつけることができる。また、多くの自重トレーニングは複数の筋肉が動員され、体幹部の安定性も求められることから全身をバランスよく鍛えることにつながるというメリットもある。

　一方で、いくつかのデメリットについても触れておく。まずは、自分の体重以上の負荷をかけることができないという点である。動作スピードを遅くすることで、より高い負荷をかけることは可能であっても、自分の体重（＝負荷の重さ）をトレーニング中に調整するということは不可能である。また、複数の筋肉が動かされやすい運動様式であるため、特定の部位をピンポイントで鍛えるというのも難しい。しかしながら、自分の身体さえあれば今からでもすぐに実践することができるというのは、自重トレーニング最大のメリットである。

　このページを読み終わったら、着替えて自重トレーニングを実践してみよう！具体

的な実践方法については、第４章　５．実践編「自重トレーニング」で詳しく解説している。

３．マシントレーニング

　マシントレーニングとは、ジムなどに置いてある器具（マシン）を使ったトレーニングである。マシントレーニングのメリットは、自重トレーニングよりも大きな負荷を加えることができること、可動域（動作を行える範囲）が限定されるため比較的安全に行えること、マシンの選択によって部位をピンポイントで鍛えられることなどがある。自重トレーニングに慣れてきて、もう少し負荷を高めたい人や部位を限定して鍛えたい人にオススメな方法である。一方、マシントレーニングはフィットネスジムなど専用のマシンが設置してある場所でしか行えないため、金銭的な負担があるという点はデメリットである。ジムによっても置いてあるマシンは異なるため、まずは大学のトレーニングルームや民間のフィットネスジムなどで体験してみよう。

４．フリーウエイトトレーニング

　フリーウエイトトレーニング（以下、ウエイトトレーニング）とは、ダンベルやバーベルなどを使ったトレーニングのことである。マシントレーニング同様に自分の体重以上の負荷をかけることができる。また、マシントレーニングとは異なり自重トレーニングの動作を活用して負荷を追加することができるのはウエイトトレーニングの特徴である。

"BIG 3"と呼ばれるベンチプレス、デッドリフト、スクワットは、身体の中でも特に大きな筋肉である胸、背中、下半身を鍛えることができる種目である。ウエイトトレーニングを実施する際には、正しいフォームを習得することが非常に重要である。正しいフォームを習得しないまま、負荷を上げてしまうと怪我につながる恐れがある。初めてウエイトトレーニングを実施する際には、トレーナーや筋トレに慣れている人と一緒にフォームを確認しながら行うようにしよう。

【参考文献】

（1）谷本道哉. 筋トレまるわかり大辞典. 東京：ベースボール・マガジン社；2010.

（2）編者 横浜市スポーツ医科学センター. 図解スポーツトレーニングの基礎理論. 東京：西東社；2011.

（3）編者 Thomas RB, Roger WE. 日本語版総監修 金久博昭. NSCA決定版ストレングストレーニング&コンディショニング第3版. 東京：ブックハウス・エイチディ；2010.

（曽根　良太）

筋肉を増やす・筋力を向上させるには

1．筋肉が増えるとは？

　筋肉は、細い１本１本の線維である「筋線維」の集合体である。では、"筋肉が増える"とはどのような状態を指しているのか？筋肉が増えるとは、「筋線維そのものの数が増える」もしくは「筋線維１本１本が太くなる」の２つのメカニズムが考えられる。現在までの研究ではいくつかのメカニズムの説があるものの、筋線維の数を測定するという技術は難しいこともあり、後者の筋線維が太くなるというのが定説である。この筋線維１本１本が太くなることを「筋肥大」という。筋線維は、骨格筋、心筋、平滑筋（内臓筋）の３種類ある。一般的に筋肉という場合は、骨格筋のことを指すことが多い。骨格筋のみ、自分の意志で動かすことができる（"随意筋"という）。骨格筋量は、筋断面積を測定することで評価できる。

　人が発揮できる最大の筋力は、筋肉量に比例するとされていることからも、筋肉（筋力）をつけるためには筋を肥大させる必要がある。また、筋線維には"速筋（白筋）線維"と"遅筋（赤筋）線維"の２種類がある。速筋線維は収縮速度が速く、強い力を出すのに向いている性質を持っている。一方で、遅筋線維は収縮速度が遅く、強い力は出せないが持続力に優れている性質を持っている。つまり、陸上選手を例にすると瞬発系の短距離選手では速筋が求められるのに対して、持久系の長距離選手では遅筋が求められる。この速筋と遅筋の割合は、生まれながらにして決まっていると言われている。速筋・遅筋それぞれの数を増やすことはできないが、トレーニングによって筋肉を太くすることで、筋肉量に対する構成比を変えることは可能である。

2．超回復について

　"筋肉痛"という現象をみなさんも一度は経験したことがあるはずである。一般的にいわれる筋肉痛とは、運動の翌日や翌々日に筋肉が痛くなる「遅発性筋痛」のことで

ある。筋肉痛は、傷ついた筋肉を修復しようとする過程で起こる。筋肉痛の起こりやすさ（筋肉の傷つきやすさ）は、普段の運動状態が影響する。普段からよくトレーニングをする人は、筋肉痛の程度が軽く、痛みの緩和も早いのに対して、運動習慣のない人が突然トレーニングをすると筋肉は傷つきやすいため、筋肉痛の程度も重い。

　筋肉痛が起こるということは、筋肉に対して刺激が入った証拠でもある。一度傷ついた筋肉は、しっかりと回復させることで以前よりも太くなる（これが「筋肥大」）。こうして疲労→回復のサイクルを繰り返しながら筋肉量は増えていくが、回復したあとに前段階よりも筋肉量が増えることを「超回復」という（図4-1）。筋肉をつけるためには、トレーニングをすることはもちろんのこと休養がとても大切である。休養においては、筋肉を休ませるとともに栄養摂取も重要なポイントである。中でも筋肉の元となるタンパク質は意識して摂取するようにしたい（「コラム（1）サプリメントとプロテイン」にて詳しく解説）。超回復に必要な休養は48時間～72時間とされていることから、鍛えた部位（筋肉）には最低2日間の休息を与える必要があるため、3日間続けて胸のトレーニングをするなど、同じ部位を連続して行ってしまうと疲労からの回復が追いつかず逆効果になってしまう可能性があることには注意が必要である。

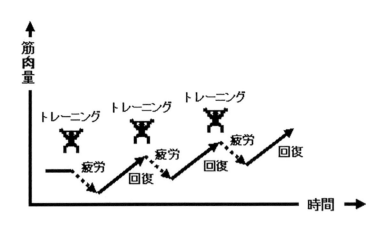

図4-1　超回復のイメージ図

3．最大反復回数（RM）について

　筋力トレーニングをする際に、よく耳にする負荷の単位に「RM＝最大反復回数（Repetition Maximum）」というものがある。"10RM"とは、10回取り組むことができる負荷である。一方で、「％1RM」という表現もある。"80％1RM"とは、1回取り組むことができる負荷（最大筋力）の80％という意味である。つまり、50kgが最大筋力（1RM）の場合には80％1RMとは40kgとなる。この80％1RMは、8RM程度（8回取り組むことができる負荷）に相当する。％1RMが減るとRM（最大反復回数）は増えるといった反比例の関係が成り立つ。

筋肥大を目的とする場合には、70〜85％RM（6回〜12回ぐらい、疲労困憊近くまで行う）の負荷を設定することが効果的だとされている。そのため、同じ負荷でも挙上できる回数が増えてきた場合には、負荷を上げる必要がある。なお、東京農業大学のトレーニングルームには、表4-2のようなRM換算表が掲載されている。

とはいえ、筋肉をつけるためには"継続すること"が何よりも大切である。いきなり高い負荷で取り組んで筋肉痛がひどくて筋トレから離れてしまうというのは一番避けなければならない。まずは日常生活とは違う刺激を筋肉に入れることを意識して負荷を設定して、徐々に負荷を高めていこう！

表4-2　RM換算表（トレーニングルーム掲載資料を筆者一部抜粋）

RM	1	2	3	4	5	6	7	8	9	10	12	15
％1RM	100	95	93	90	87	85	83	80	77	75	67	65
Lb or kg	10	10	9	9	9	9	8	8	8	8	7	7
	20	19	19	18	17	17	17	16	15	15	13	13
	30	29	28	27	26	26	25	24	23	23	20	20
	40	38	37	36	35	34	33	32	31	30	27	26
	50	48	47	45	44	43	42	40	39	38	34	33
	60	57	56	54	52	51	50	48	46	45	40	39
	70	67	65	63	61	60	58	56	54	53	47	46
	80	76	74	72	70	68	66	64	62	60	54	52
	90	86	84	81	78	77	75	72	69	68	60	59
	100	95	93	90	87	85	83	80	77	75	67	65
	110	105	102	99	96	94	91	88	85	83	74	72
	120	114	112	108	104	102	100	96	92	90	80	78
	130	124	121	117	113	111	108	104	100	98	87	85
	140	133	130	126	122	119	116	112	108	105	94	91
	150	143	140	135	131	128	125	120	116	113	101	98

【参考文献】
（1）石井直方. 石井直方の筋肉まるわかり大辞典. 東京：ベースボール・マガジン社；2008.
（2）秋間広, 大道泉, 2.筋力と筋パワー. In：勝田茂・征矢英昭編著. 運動生理学20講第3版. 東京：朝倉書店；2015. p.8-15.
（3）編者 横浜市スポーツ医科学センター. 図解スポーツトレーニングの基礎理論. 東京：西東社；2011.

（曽根　良太）

ストレッチング

　スポーツや医療の分野において、「ストレッチング（Stretching）」とは、関節、筋肉や腱を伸ばす行為のことである。ストレッチングには、主に筋肉や腱の伸展（柔軟）性を高める、関節の可動域を広げる効果がある。したがって、運動前のウォーミングアップ、運動後のクーリングダウンなど、スポーツ実施時の身体的コンディショニングの一環として、あるいは筋肉の疲労回復などの手段として広く取り入られている。ストレッチングにはいくつかの方法があり、目的に応じて使い分けることが望ましい。

１．静的（スタティック）ストレッチング

　反動をつけずに筋肉をゆっくりと伸ばしていき、その状態を維持する方法である。一般的に、ストレッチングといえばこれを指しており、最も広く普及している。安全かつ簡便に行えるのが特徴であり、主に運動後のクーリングダウンや凝り固まった関節の柔軟性の改善のために用いられる。ストレッチングの時間は、15〜20秒程度とする。

２．動的（ダイナミック）ストレッチング

　動きを伴ったり、反動をつけたりしながら行う方法である。動作をスムーズにしたり、関節の可動域を拡大したりする効果があるため、ウォーミングアップで用いられることが多い。過度に反動をつけたり、痛みを我慢しながら行ったりすると筋損傷を起こす可能性がある。特にペアで動的ストレッチングを行う場合には、補助者は強く押しすぎないように注意する。リズミカルに10回程度行う。

３．ストレッチング実施時の注意事項

　基本的な注意事項を以下に示す。
①伸ばす部位には力を入れず、リラックスして行うこと
②軽い強度から始めて、徐々に強度を上げていくこと
③痛みが出ない範囲で行うこと（痛みを感じたら強度を下げる）
④同じ部位を続けて行わず、いろいろな部位を行うこと
⑤他の関節や筋肉などに負荷がかかるような無理な姿勢で行わないこと
⑥ゆっくり大きな呼吸をしながら行うこと（呼吸は止めない）

４．静的ストレッチングの実践

①肩と上背部の筋群
・伸ばす方の腕を身体の前で地面と水平にする。
・もう一方の腕の肘から先を垂直にして伸ばす
　方の腕を支え、身体へ引き付ける。
※肩が上がらないように力を抜いて行う。

②首周囲筋群（頸部）
・頭を横に曲げる。
・さらに伸ばしたい場合は、手で頭を横に引く。
※伸ばす側の肩を下げて行うと効果的である。

③前腕屈筋群
・四つ這いの姿勢で手のひらを床につけて指先
　を足側に向ける。
・股関節を曲げて、おしりを後方に移動する。
※肘を伸ばした状態で、手のひらが床から離れ
　ないようにして行う。

④腰背部の筋群
・仰向けで寝て両膝を抱えながら体を丸める。
・膝を胸へ押しつけるように引く。
※おへそを見るように首を曲げると効果的である。

⑤臀部と腰背部の筋群
・仰向けで寝た姿勢で片方の脚（膝）を曲げる。
・曲げた脚を反対側に倒して手で膝を床側へ押
　さえる。
・反対側の手を横に伸ばし、目線を伸ばした手
　の方に向ける。
※両肩が床から浮かないようにすると効果的で
ある。

⑥体幹側部の筋群

・座位になり無理のない範囲で開脚する。

・片腕を挙げて耳に触れたまま体幹を横に曲げる。

・反対の手は正面か逆脚の方へ伸ばす。

※猫背にならないように背筋を伸ばして行う。

⑦臀部と大腿部後面の筋群

・座位になり片方の脚（膝）を曲げる。

・膝と足首を持って曲げた脚を胸に引き付ける。

※足部を胸に引き付ける、身体を前に倒すと効
　果的である。

※これが難しい場合は仰向けに寝て行ってもよい。

⑧大腿部後面の筋群

・座位になり開脚、片方の膝を内側に曲げる。

・伸ばしている脚側に体を向けて曲げる。

・上体を軽くあごを引き、胸が太ももに近づく
　ようにする。

※つま先を手前に曲げる、反対の手で伸ばして
　いる膝を押さえると効果的である。

⑨大腿部前面の筋群

・座位になり片方の膝を曲げ、つま先を後方に
　向ける。

・膝が浮かないようにしながら上体を後方に倒す。

※右下図のように、強度は上体の傾きで調節す
　る。立位や横向きで寝て行ってもよい。

⑩大腿部前後面・鼠径部の筋群

・両脚を前後に開いて立つ。

・前膝を曲げ、後ろの膝を床につけて腰を下げる。

・胸を張りながら上体を前脚の方へ傾ける。

※手を床について身体を安定させて行う。

⑪下腿部後面の筋群

・脚を前後に開いて立つ。

・後ろの脚のかかとを床につけて膝を伸ばす。

・前脚の膝を曲げて腰を前に移動する。

※つま先は内に閉じたり外に開いたりせず、

　真っ直ぐに向ける。

（李　永晃）

自重トレーニング

　自重トレーニングは、自分の体重を負荷にして行う筋力トレーニングである。マシンやダンベルなどの道具を使わず、場所を選ばず行うことができる。また、筋肉にかかる負荷がそれほど高くないため、筋力が低い人でも自分のペースで少しずつ行うことができる。自重トレーニングの理論については、第4章2「理論編：レジスタンストレーニングとは」で詳しく解説している。ここでは、具体的な実践方法について紹介する。

1．プッシュアップ

鍛えられる部位：大胸筋・三角筋・上腕三頭筋

方法

開始時の姿勢（右上図）

・うつ伏せになり、膝をまっすぐ伸ばしてつま先を床につける。

・肩幅よりも手のひら一つ分手幅を広げ、肘を外側に向ける。

・腰と背中をそったり、丸めたりしないように、一直線に保持したまま、肘を伸ばす。

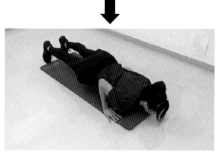

トレーニング動作

・身体を一直線に保持したまま、胸が床に触れるくらいまでゆっくり下ろしたら（右下図）、同じように開始時の姿勢に戻る。

2．ディップス

鍛えられる部位：上腕三頭筋

方法

開始時の姿勢（右上図）

・両手を肩幅でベンチにつき、指先を前方に向けて肘を伸ばす。

・かかとを床につけ、かかと・お尻・頭の位置がほぼ一直線になるようにする。

トレーニング動作

・肘の位置を固定したまま肘をゆっくり曲げる。この時に、<u>首をすくめない、背中を丸めないように注意する</u>。<u>肘を外側に開かずに</u>十分に曲げたら（右下図）、開始時の姿勢にゆっくり戻る。

3．アーム＆レッグ

鍛えられる部位：脊柱起立筋・大殿筋・ハムストリングス

方法

開始時の姿勢

・両手、両膝を床につけ、四つ這いの姿勢をとる。

トレーニング動作

・右腕を前方に、左脚を後方にゆっくり伸ばす（右上図）。腕と脚を<u>腰がそらない程度</u>に伸ばしたら、腕と脚を<u>ゆっくり戻しながら</u>、右肘と左膝をつける（右下図）。この一連の動作を繰り返し行う。終わったら左腕と右脚で行う。

４．シットアップ

鍛えられる部位：腹直筋

方法

開始時の姿勢（右上図）

・膝を90度に曲げ、足裏全体を床につけて仰向
　けに寝る。肘を伸ばして手のひらを太ももの
　前に置く。この時、両膝はつけずに軽く開い
　た状態にする。

トレーニング動作

・腹部を意識しながら、目線はおへそを見るよ
　うにして、手のひらが膝に触れるまで上半身
　をゆっくり起こす（右下図）。腹部の力を抜
　かずに開始時の姿勢にゆっくり戻る。反動を
　つけないように一連の動作を繰り返し行う。

５．レッグロール

鍛えられる部位：腹直筋・腹斜筋

方法

開始時の姿勢（右上図）

・仰向けに寝て、股関節が90度になるまで両脚
　を上げる。膝を軽く曲げ、足首は90度にする
　（足裏を上に向けた状態）。両腕を肩の延長線
　上に横に広げ、手のひらを床に向ける。

トレーニング動作

・脚の角度（姿勢）を保持したまま、肩が床か
　ら浮かないようにしながら、脚を側方へゆっ
　くり倒す。特に、脚を倒した側と反対側の肩
　が床から浮きやすいので注意する。脚が床に
　つく寸前で止め（右下図）、開始時の姿勢へ
　ゆっくり戻したら、反対側にも倒す。

6．ヒップリフト

鍛えられる部位：脊柱起立筋・大殿筋・ハムス
トリングス

方法

開始時の姿勢（右上図）

・仰向けになり、両足を腰幅程度にひらき、両
膝を90度程度に曲げ、つま先を上げる。両手
は身体の横に置き手のひらを床につける。

トレーニング動作

・肩とかかとを床につけたまま、肩、股関節、
膝が一直線になるまでお尻を浮かせる（右下
図）。この時に腰が反らない（お尻をあげす
ぎない）ようにお尻に力を入れる。開始時の
姿勢にゆっくり戻る。

7．レッグアブダクション

鍛えられる部位：股関節外転筋群

方法

開始時の姿勢（右上図）

・横向きに寝て、下側の膝が90度になるように
曲げて身体の前に出す。上側の脚を伸ばし、
足首の角度を90度にする。

トレーニング動作

・足首を90度に保持、つま先を正面に向けたま
ま上側の脚を持ち上げる。つま先が上に向か
ず、骨盤が動かずに上げるところまで上げた
ら（右下図）、開始時の姿勢にゆっくり戻る。
片脚が終わったら反対側の脚を行う。

8．スクワット

鍛えられる部位：大殿筋・大腿四頭筋・ハムス
トリングス

方法
開始時の姿勢（右上図）
・両足を肩幅よりやや広く開き、つま先を少し
外に向けて立つ。

トレーニング動作
・膝と股関節をゆっくり曲げる。つま先と膝は
同じ方向に向け、膝がつま先より前に出すぎ
ない、胸を張り、腰と背中が丸まらないよう
に注意する。この時、お腹を膨らませるよう
にしてお腹に力を入れる。太ももが床と平行
になるまで腰を落としたら（右下図）、開始
時の姿勢にゆっくり戻る。

9．カーフレイズ

鍛えられる部位：腓腹筋・ヒラメ筋
開始時の姿勢（右上図）
・段差に母指球（足の親指の付け根）を乗せ、
両足を腰幅に開いて平行になるように立ち、
ふくらはぎが伸びるところまでかかとを下ろ
す。

トレーニング動作
・膝を伸ばしたまま、かかとを上げる（右下図）。
この時に、重心が小指球側にいかないように
注意する。開始時の姿勢にゆっくり戻る。

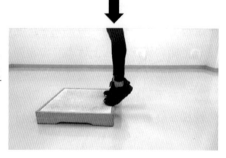

（李　永晃）

身近な物を使っての筋力トレーニング

　自重トレーニングは、道具を使わず、場所を選ばず行うことができるが、トレーニングの種類が限られ、高い負荷でのトレーニングを行うことができない。また、マシンを使用したトレーニングは、高負荷でのトレーニングを行うことはできるが、行える場所が限られている。そこで本章では、身近な物（ペットボトル等）を使って行える筋力トレーニングの方法を紹介する。

1-1．サイドレイズ

鍛えられる部位：三角筋

方法

開始時の姿勢（右中図）

・両足は腰幅から肩幅程度に開き、膝を軽く曲げて立つ。身体の横で手のひらを内側に向けた状態でおもりを持つ。手首を固定し、肘を若干曲げる。視線は前方に向ける。

トレーニング動作

・腕を真横に開くように一定の速度でおもりをゆっくり上げる。この時、体幹をまっすぐに維持して、肘と膝の角度を保持する（右上図）。おもりが肩の高さ程度まで上がったら、開始時の姿勢にゆっくり戻る。反動を使わずに、この動作を繰り返し行う。

1-2．フロントレイズ

鍛えられる部位：三角筋

方法

開始時の姿勢（右中図）

・サイドレイズの姿勢と同様とする。フロントレイズでは、身体の前で手のひらをお腹側に向けた状態でおもりを持つ。手首と肘をまっ

143

すぐに固定する。

トレーニング動作

・肘を伸ばしたまま、腕をまっすぐに前に出すように、一定の速度でおもりをゆっくり上げる（前頁右下図）。この時、体幹をまっすぐに維持して、肘と膝の角度を保持する。肩の高さ程度まで上がったら、開始時の姿勢にゆっくり戻る。

2．キックバック

鍛えられる部位：上腕三頭筋

方法

開始時の姿勢（右上図）

・手のひらを身体に向けておもりを持つ。反対側の手を椅子などにつけ、両膝を軽く曲げて上半身を床と平行にする。上腕が床と平行になる位置で、肘を90度に曲げる。

トレーニング動作

・肘の高さを変えないように注意しながら、肘を伸ばしておもりを後方に上げる。腰と背中が丸まらないように、できるだけ上半身を床と平行に保つ（良い姿勢：右中図、悪い姿勢：右下図）。脇を開かずに上腕と床とが平行になるまで肘を伸ばしたら、開始時の姿勢にゆっくり戻る。

3．アームカール

鍛えられる部位：上腕二頭筋・上腕筋
方法
開始時の姿勢（右上図）

・手のひらを内側に向けおもりを持つ。足幅は
　肩幅として、膝を軽く曲げて立つ。肘を伸ば
　し、視線を前方へ向ける。

トレーニング動作

・<u>肘の位置を固定したまま肘をゆっくり曲げる</u>。
　動作中は体幹を保持して身体が前後に動かな
　いようにする。肩の少し前までおもりを持ち
　上げ（右下図）、開始時の姿勢にゆっくり戻る。

4．チェストプレス

鍛えられる部位：大胸筋・三角筋・上腕三頭筋
方法
開始時の姿勢（右上図）

・仰向けになり、両膝を曲げて、頭・肩・臀部・
　両足は床に固定する（5ポイントコンタクト*)。
　おもりを持ち、肩の真上で保持し、手首を返
　さずまっすぐにして固定する。

トレーニング動作

・手首を固定したまま、おもりと肘を少し外に
　開きながら、乳頭を結ぶライン上の身体の横
　まで、一定の速度でゆっくり下ろす。この時、
　<u>左右のおもりを平行に保持し、手首の真下に</u>
　<u>肘がくるポジションを維持しながら曲げる</u>
　（右下図）。常に5ポイントコンタクトを保持
　して開始時の姿勢に戻る。

・＊頭・肩・臀部・両足裏を合わせて5ポイント
　という。

5．フライ

鍛えられる部位：大胸筋・三角筋

方法

開始時の姿勢（右上図）

・仰向けになり、両膝を曲げて、頭・肩・臀部・両足は床に固定する（5ポイントコンタクト）。おもりを持ち、肩の真上で<u>手のひらが向き合うように保持する</u>。手首を返さずまっすぐにして固定する。肘を外側に軽く曲げる。

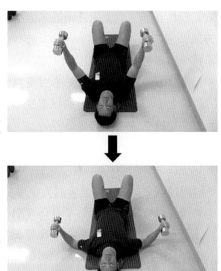

トレーニング動作

・手首と肘を固定し、<u>大きな弧を絵描きながら</u>おもりを真横にゆっくり開き、肩または胸の高さまで一定の速度で下ろす。動作中、左右のおもりを平行に保持し、<u>手のひらが向き合う状態を保持</u>しながら下ろす（右下図）。肘を伸ばしながら下ろすと肩への負担となるので注意する。常に5ポイントコンタクトを保持して開始時の姿勢に戻る。

6．ワンハンドロウ

鍛えられる部位：広背筋・僧帽筋・三角筋

方法

開始時の姿勢（右上図）

・手のひらを内側に向けておもりを持ち、反対
側の手を椅子や壁に乗せ固定する。上半身は
床と平行の姿勢より頭がやや高くなるように
する。足幅は肩幅に開き、膝をやや曲げる。

トレーニング動作

・肩甲骨を背中側に寄せ、肘を開かず（脇を閉
じたまま）おもりを引き上げる。<u>上半身は開
始時の姿勢を維持して行う</u>（良い姿勢：右中
図、悪い姿勢：右下図）。腰と背中が丸まら
ないようにするために、<u>お腹を膨らませるよ
うに力を入れる</u>。また、過度に首を曲げたり
伸ばしたりしないように注意する。脇腹まで
引き上げたら、開始時の姿勢にゆっくり戻る。

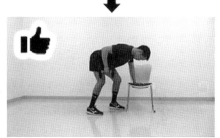

7．サイドベンド

鍛えられる部位：腹斜筋

方法

開始時の姿勢（右上図）

・片手におもりを持ち、反対の手は頭の後ろに
置き、スタンスは腰幅程度に開く。

トレーニング動作

・はじめにおもりを持つ手の方へ上半身を傾け
る。動作中は、<u>腰と背中を丸めたりそったり
せず、真横に身体を倒すようにする</u>（右下図）。
おもりを引き上げるように起き上がり、開始
時の姿勢にゆっくり戻る。

8．ゴブレットスクワット

鍛えられる部位：大殿筋・大腿四頭筋・ハムス
　　　　　　　　　トリングス

方法

開始時の姿勢（右上図）

・おもりを<u>両手で支える</u>ようにして持ち、胸の
　前で保持する。両脚を肩幅よりやや広く開き、
　つま先を少し外に向ける。

トレーニング動作

・バランスをとりながら膝と股関節をゆっくり
　曲げていく。<u>つま先と膝は同じ方向に向け、
　膝がつま先より前に出すぎない</u>ように注意す
　る。動作中は<u>胸を張り、腰と背中が丸まらな
　い</u>ように注意する（良い姿勢：右中図、悪い
　姿勢：右下図）。腰と背中が丸まらないよう
　にするために、<u>お腹を膨らませるように力を
　入れる</u>。太ももが床と平行になるまで腰を落
　としたら、開始時の姿勢にゆっくり戻る。

9．ワンレッグ・スティッフレッグデッドリフト

鍛えられる部位：大殿筋・脊柱起立筋・ハムス
　　　　　　　　　トリングス

方法

開始時の姿勢（右上図）

・手の甲を前に向け、片手でおもりを待つ。足
　幅は腰幅、つま先を前方に向け、膝を若干曲
　げて背筋を伸ばして立つ。

トレーニング動作

・おもりを持っている側の脚を後方に伸ばし、
　もう片方の脚の股関節を曲げながら身体を
　ゆっくり前に傾ける。この時、膝の角度は変
　えずに、股関節のみ曲げる。また、後ろから
　見て、骨盤を外側に開かない、上半身をひね
　らないように真っ直ぐにする。動作中は胸を
　張り、腰と背中が丸まらないように注意する
　（良い姿勢：右中図、悪い姿勢：右下図）。角
　度は個人差があるが、頭とかかとが一直線の
　状態で床と平行になる程度まで傾けたら、開
　始時の姿勢にゆっくり戻る。

（李　永晃）

149

効果的な有酸素性運動のポイント

1．有酸素性運動とは？

　第4章2.理論編「レジスタンストレーニング」でも触れたとおり、有酸素性運動とは、ランニングや水泳などの強度が低く、長時間続けることが可能な運動様式である。その特徴から、アスリートのみならず運動習慣のない者、中高齢者、さらには運動療法として病気を持っている者も実施可能である（運動療法として有酸素性運動をする場合には強度設定に注意が必要である）。有酸素性運動は、特別な器具を必要としないウォーキングや、フィットネスジムに設置してあるバイクを利用したサイクリング運動など、さまざまな方法が存在する。ここでは、まず有酸素性運動の効果について解説した上で、効果的な有酸素性運動のポイントについて、実践方法を交えて紹介する。

2．有酸素性運動の効果

　一般的に有酸素性運動を行うと、持久力が向上して呼吸循環器系の機能も改善されるとされており、いわゆる"体力"をつけるのに効果的である。しかし、筋力トレーニング同様に、有酸素性運動も目的に応じた強度の設定が必要である。有酸素性運動を行う目的は、大きく2つに分けられる。一つは、全身持久力の向上を目的とした場合である。この場合、息遣いが「ハアーハアー」と荒くなるようなきつめの有酸素性運動をする必要がある。もう一つは、ダイエット（減量）など健康維持を目的とした場合である。この場合、強度を上げすぎて運動時間が短くなり、トータルのエネルギー消費量が少ないという状態を避ける必要がある。そのため、後述する「ニコニコペース」が維持できるような強度でなるべく長時間運動することが効果的である。

　では、健康維持を目的とした有酸素性運動をする場合の「ニコニコペース」とはどれくらいを目安にすれば良いのか。客観的な指標としては、心拍数がある。近年では、ウェアラブルデバイスの急速な発展により専用機器がなくとも簡便に心拍数を測れる

ようになっている。あまり活用する機会がないかもしれないが、心拍数を測定する機能が付いている機器を持っている場合には、運動をする際にぜひ計測してみてほしい。日常生活の中ではあまり心拍数が上下することはないかもしれないが、運動をした際には顕著に心拍数の増加が記録されるはずである。

　ニコニコペースでは年齢等によって個人差はあるが、心拍数は130拍/分前後が目安とされている。とはいっても、心拍数を測定する機器を持っていない人も多いことだろう。そんな時には主観的尺度の活用が有効である。主観的な運動強度の指標にボルグ（Borg）スケールがある。これは、スウェーデンの心理学者によって開発された運動中に運動実施者自身がどの程度の疲労感（＝きつさ）を感じているのかを測定するための指標である。その後、小野寺らによって日本語用にされたものが表4-3である。ボルグスケールのある等級の数字を10倍すると心拍数に相当するとされている。そのため、ボルグスケールを参考にした場合は、11～13ぐらい（楽である～ややきつい）がニコニコペースの目安となる。

　若者であるみなさんにはあまり実感がないかもしれないが、加齢と持久力の関係では男女ともに18歳以降加齢に伴って持久力（往復持久走の結果）が大きく低下することが報告されている。日本は世界でもトップクラスの長寿国であり、平均寿命は男女共に80歳を超えている。しかし、健康上の問題で日常生活が制限されることなく生活できる期間である「健康寿命」に目を向けてみると、平均年齢との間に男性で約8年、女性で約12年と大きな開きがある。つまり、健康寿命を延伸させるためには、加齢によって低下する持久力を維持していく必要があり、有酸素性運動はそれを改善するための有効な手段ということである。ぜひ筋力トレーニングとともに、有酸素性運動にも取り組んでみてほしい。

表4-3　ボルグスケール日本語版（小野
寺ら，1976をもとに筆者作成）

等級	疲労度
6	
7	非常に楽である
8	
9	かなり楽である
10	
11	楽である
12	
13	ややきつい
14	
15	きつい
16	
17	かなりきつい
18	
19	非常にきつい
20	

3．ウォーキング・ジョギング・ランニングの違い

　器具を要さずに手軽に取り組める有酸素性運動に、ウォーキング・ジョギング・ランニングがある。ウォーキング（walking）とは、「歩く」ことを意味している。では、ジョギング（jogging）とランニング（running）は「走る」という点においては同じであるがどう違うのか？ジョギングとランニングの違いについて明確な定義はされていないのが現状である。しかし、ジョギングとランニングでは目的と速度が大きく違う。ジョギングは、“健康維持”を目的とする場合が多く、速度もウォーキングの延長でランニングに比べてゆっくりである。一方でランニングは、“趣味”や“レースへの出場”などトレーニングの一環の目的である場合が多く、速度も速い。前述のボルグスケールでいう11〜13の「ニコニコペース」で取り組めるのがジョギングであるのに対して、ランニングは14以上の運動に相当すると考えられる。

　運動習慣のない人が“健康維持（特にダイエット）”を目的として有酸素性運動を取り入れる場合には、まずはウォーキングから始めてみよう。有酸素性運動は「20分以上やらないと意味がない」と言われることを耳にしたことがある人もいるかもしれないが、ここには大きな誤解がある。糖質と脂肪をエネルギーにすることでヒトの身体は動かすことができる。有酸素性運動をした際に最初は糖質が主なエネルギー源として使われる。そして、運動開始20分頃から糖質と脂肪がエネルギー源として利用される割合は、半分ずつになる。さらに運動を継続すると、脂肪がエネルギー源として利用される割合が増える。これが有酸素性運動は「20分以上やらないと意味がない」と言われる理由である。

　だが、実際には20分前後でエネルギー源として利用される糖質と脂肪がスイッチのように変わるのではなく、徐々に割合が変化していく（図4-2）。つまり、20分未満の運動時間であっても、脂肪は燃焼されているのである。これを知っていると有酸素性運動に取り組むハードルが少し下がるのではないか。10分でも15分でも良いので、まずは継続できそうな運動時間から取り組んでみて徐々に時間を増やしていけば良いのである。しかし、脂肪燃焼（＝除脂肪）を目的としている場合には、20分以上の有酸素性運動に取り組むことでより高い効果が得られるだろう。

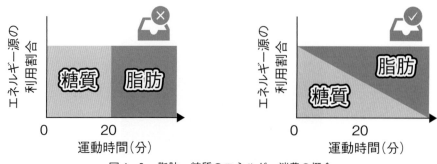

図4-2　脂肪・糖質のエネルギー消費の概念

４．自宅でできる有酸素性運動

　ウォーキング、ジョギング、ランニングは、外に出て行うことが一般的である。しかし、自宅でも有酸素性運動を行うことは可能である。自宅でも行うことができる簡単な有酸素性運動についていくつか紹介する。

　１つ目は、"ももあげ運動"である。その場で、左右の太ももの上げ下げを繰り返す（足踏みを大げさにするイメージ）という単純な動きである。ポイントは、大げさなくらい全身を使うことである。自宅であれば人の目も気にならないので、ぜひ大きく腕を振りながらももあげを行ってみよう。

　２つ目は、"階段（踏み台）昇降運動"である（図４-３）。自宅に階段がある場合には階段を利用するのが良いだろう。自宅に階段がない場合には、踏んでも潰れない丈

図４-３　踏み台昇降運動のイメージ

夫な箱や木などで段差を作って取り組もう。段差ができたら、あとは昇降運動を繰り返すだけである。単純ではあるが、段差がある分しっかりと太ももを上げるという意識を持って運動することができる。"ももあげ運動"同様、しっかりと腕を振りながら行えると効果はアップする。

　３つ目は、"エア自転車こぎ"である。床に仰向けになったら、両足を上げて自転車を漕ぐように左右の足を交互に回していく運動である。見た目以上に強度はかなり高

くなるのでぜひ取り組んでみてほしい。ポイントは、速く漕ごうとするのではなく1秒間に左右1回ずつ回すようなスピードにすることである。また、自分のお腹を見るように頭を少し浮かせて目線をへそに向けると腹筋も同時に鍛えることができる一石二鳥のエクササイズまたは運動となる。

5．日常生活の中に有酸素性運動の要素を取り入れよう！

　有酸素性運動は、運動を継続することで効果を得ることができる運動様式である。しかしながら、忙しい毎日の中で有酸素性運動をする時間を作り出すというのはなかなか難しいだろう。そんな時は、日常生活の中で有酸素性運動を取り入れることができる時間がないか考えてみよう。通学時間（方法）は手っ取り早く取り組める改善点となる。例えば、「帰りだけ一駅手前の駅で降りて家まで歩いてみる」「電車通学を自転車通学に切り替える」などがある。通学は日常生活の中で必ず行うイベントであり、そこに有酸素性運動を取り入れることをオススメする。

【参考文献】

（1）編者 横浜市スポーツ医科学センター．図解スポーツトレーニングの基礎理論．東京：西東社；2011.

（2）スポーツ庁公式ホームページ．令和元年度体力・運動能力調査結果の概要．
入手先 https：//www.mext.go.jp/sports/content/20201015-spt_kensport01-000010432_1.pdf
参照 2022-9-12.

（3）厚生労働省e-ヘルスネット．平均寿命と健康寿命．
入手先 https://www.e-healthnet.mhlw.go.jp/information/hale/h-01-002.html
参照 2022-9-12.

（4）小野寺孝一，宮下充正．全身持久性運動における主観的強度と客観的強度の対応性：Rating of perceived exertionの観点から．体育学研究．1976；21：191-203.

（曽根　良太）

傷病者への応急処置

1．応急処置の必要性

　スポーツ活動時には、怪我や急病などが発生することがある。それらの程度が重いほど、周りも慌ててしまうことが多い。生命の危機から傷病者を救うため、怪我の悪化を防ぐために、ファーストエイダー（傷病者に対して最初に手当に当たる者）は、適切に応急処置をする必要がある。

　授業時には、担当教員は安全に留意しながら授業を展開している。しかし、万が一傷病者が出た際には、担当教員だけではなく周囲の協力が不可欠である。応急処置の方法を理解することは、慌てず落ち着いて対応するための第一歩である。また、本章で解説する知識や応急処置の方法は、授業のみならず日常生活を送るさまざまな場面でも活かせる内容である。

2．応急処置の手順

　図4-4に傷病者の発見から医療機関に送り届けるまでのフローチャートを示した。傷病者を発見した際には、まずは傷病者の状態を迅速に観察する必要がある。大出血をしていないか、呼びかけへの反応（意識）があるかの2点を確認する。

　大出血している場合や意識がない場合には、すぐに手当・通報が必要である。周りに協力者を求めて、各所への連絡・119番通報・AED（自動対外式除細動器）＊を手配する。呼吸がない場合には直ちに一次救命処置（Basic Life Support：BLS）を実施する。胸骨圧迫は胸の真ん中（左右の乳首を結んだ線の中央）あたりを1分間に100〜120回のテンポで約5cm沈むぐらいの強さで30回行う。ポイントは、「強く」、「速く」、「絶え間なく」である。気道確保したうえで、人工呼吸は胸の上がりを確認しながら漏れないように2回行う。これをAEDが到着するまで繰り返し行う。

　AEDは、電源が入ると音声ガイダンスが流れるので、指示に従って実施する。感

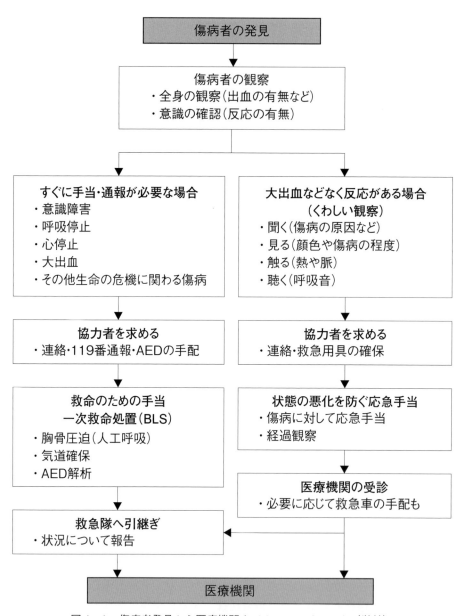

―応急処置の手順―

```
┌─────────────────────┐
│     傷病者の発見      │
└─────────────────────┘
           │
┌─────────────────────┐
│     傷病者の観察      │
│ ・全身の観察(出血の有無など) │
│ ・意識の確認(反応の有無)  │
└─────────────────────┘
```

すぐに手当・通報が必要な場合
・意識障害
・呼吸停止
・心停止
・大出血
・その他生命の危機に関わる傷病

大出血などなく反応がある場合
（くわしい観察）
・聞く(傷病の原因など)
・見る(顔色や傷病の程度)
・触る(熱や脈)
・聴く(呼吸音)

協力者を求める
・連絡・119番通報・AEDの手配

協力者を求める
・連絡・救急用具の確保

救命のための手当
一次救命処置(BLS)
・胸骨圧迫(人工呼吸)
・気道確保
・AED解析

状態の悪化を防ぐ応急手当
・傷病に対して応急手当
・経過観察

医療機関の受診
・必要に応じて救急車の手配も

救急隊へ引継ぎ
・状況について報告

医療機関

図4-4　傷病者発見から医療機関までのフローチャート（学外）

染症対策として、嘔吐物や吐血がある場合、あるいは人工呼吸をためらう状況の場合においては、人工呼吸をせずに胸骨圧迫だけでも続けることが重要である。救急隊が到着したら、傷病者が倒れてからの状況やその後行った応急処置の内容などについて報告して引継ぎをする。

　一方で、大出血などがなく反応がある場合には、まずは傷病者を詳しく観察する。

観察する際のポイントは、傷病の原因や痛みの程度などを「聞く」こと、顔色・出血・外傷・腫れなどを「見る」こと、熱感や脈があるかを「触れる」こと、呼吸音を「聴く」ことである。これらを確認した上で、協力者を求めて傷病の悪化を防止するための応急手当を行う（具体的な方法は後述する）。応急手当を行ったら必要に応じて医療機関を受診させる。医療機関を受診させるべきか迷った場合には、必ず医師の診察を受けさせるようにしよう。特に頭部付近の傷病については注意が必要である。
＊初めて訪れるスポーツ施設などではAEDの設置場所、車椅子やエレベーターの有無について確認しておこう。

　なお、東京農業大学ではキャンパスごとに異なる学生用の緊急時対応の事前確認用マニュアルが大学ホームページ（https：//www.nodai.ac.jp/campus/e-books/disaster_manual/）に掲載されているので確認しておこう。授業時間内での救急対応であれば、健康サポートセンター（世田谷キャンパス）・看護師（厚木キャンパス）のスタッフを早急に呼ぶことが必要である。

3．怪我に対する応急処置の仕方

　怪我に対する応急手当は、傷病者の回復状況にも影響を与えるため、その方法を正しく理解する必要がある。また、応急処置をする者の安全を確保するため、次のことに注意する。
○傷の手当をするときは、できるだけビニール手袋やビニール袋を使用する。
○素手で傷の手当てを行う場合は、事前・事後に必ず手をよく洗う。
○傷の手当中は、傷に唾が飛ばないよう留意する。
○素手で傷病者の血液に触れないようにする。
※万が一血液に触れてしまった場合には、できるだけ早く流水で洗い流すこと。
○傷病者を安静にした上で、落ち着いて丁寧かつ慎重に手当する。

　出血が多い場合には直ちに止血を行って、医療機関に搬送する必要があるため、ここでの説明は省略し、出血が少ない場合、もしくは出血がない場合の怪我の対応について紹介する。

図4-5　ビニール袋を使用した直接圧迫止血

●止血方法●
　土などで傷口が汚れている状態をそのままにしておくと、感染症の罹患につながる

危険があるため、まずは水道水などで汚れを流して傷口から異物を除去する。その後の止血方法は、直接圧迫止血と間接圧迫止血の２種類がある。直接圧迫止血が基本であり、間接圧迫止血は、直接圧迫止血に必要な道具（ハンカチ・ガーゼ・手袋・ビニール袋など）の準備ができるまでの間に応急的に実施するものである。

　直接圧迫止血は、出血している傷口をガーゼやハンカチを用いて直接強く押さえて圧迫する方法である。健康診断などで採血した後に、注射された部位を自分で５分程度圧迫することを指示されるが、これはまさに直接圧迫止血である。注意点としては、傷病者の血液に触れないように、ビニール手袋やビニール袋などを用いて感染防止策を講じることである。また、出血部位を適切に圧迫できていない場合、もしくは圧迫する力が弱い場合には、血液が漏れてくることもあるため、圧迫している際には出血している部位の状況をよく観察することが大切である。

　間接圧迫止血は、傷口よりも心臓に近い動脈（“止血点”という呼ぶ）を圧迫することで、末梢への血液の流れを止めることで出血部位を止血する方法である。止血点は、大きな血管が通っている脇の下、肘のくぼみ、指の付け根、鼠蹊部（そけいぶ、股関節）、膝の裏側などにある。前述した部位を指で軽く押さえてみると、血液が流れている（脈を打っている）のを感じることができるので自分の身体で確認してみよう。

●包帯の使い方（目的）●
　救急セットなどの中には包帯が必ず入っているが、その目的について正しく理解している人は多くない。包帯をする目的で最初に思いつくのは、傷口の保護（ガーゼの上から巻き付ける）ではないだろうか。それ以外にも包帯には、脱臼や骨折時に手や腕を吊ることによる固定、傷口に強く巻くことによる止血など、さまざまな目的で使用することができる。これらの目的を果たせるのであれば、ストッキングやタオルなどを包帯の代用品として使用することもできる。包帯で傷口を保護するときは、傷口に滅菌ガーゼを当てるが、それがない場合は清潔なハンカチ・布切れなどでも代用可能である。怪我をした際の包帯を用いた固定方法については、以下から調べてみよう。

ナース専科「包帯法：目的、巻き方の手順、注意点」
URL：https：//knowledge.nurse-senka.jp/500198

４．万が一の時にはOne Teamの精神（行動）を

　スポーツをしている時には、一生懸命に取り組むあまりに思わぬ怪我をすることがある。したがって、応急処置を知っていることは、みながより安全にスポーツをする上でも非常に重要である。スポーツもそうであるが、一人だけではできないことも、チームになることでなし得ることがある。もしもの時には、まずは状況をしっかりと把握（観察）すること、周囲にいる人に協力を仰ぐこと、とにかく落ち着いて慌てないことを忘れずに対応しよう。

【参考文献】

（１）編集 日本赤十字社．赤十字救急法講習教本（10版）．東京：日赤サービス；2014.

（２）編集 日本赤十字社．赤十字救急法基礎講習教本（３版）．東京：日赤サービス；2012.

（３）東京消防庁ホームページ．倒れている人をみたら（応急手当の手順）.

　　　入手先 https：//www.tfd.metro.tokyo.lg.jp/lfe/kyuu-adv/life01-2.html 参照 2022-9-2.

（曽根　良太）

サプリメントとプロテイン

1．サプリメントとは

　サプリメントとは、栄養補助食品のことである。サプリメントの英語"supplement"は、補足、追加、付録などの意味を持っている。このことからも、サプリメントは、普段の食事を基礎としてあくまでも「補助」することを目的として摂取するべきである。

　とはいえ、私はサプリメントを人類の叡智の賜物と考えている。食習慣を見直し、バランスの良い食事を目指して栄養を摂取しようとしても食事量（胃の容量）には限界がある。そんな時に、数粒の錠剤あるいは少量の顆粒から必要な栄養を補給できるためである。つまり、サプリメントの大きなメリットは、普段の自分の食習慣では摂りづらい栄養素を選択的かつ効果的に補給できることにある。

　しかし、スポーツに関わる人間がサプリメントを摂取する際には、ドーピング問題に注意をしなければならない（コラム（2）「アンチ・ドーピング」で解説）。また、商品のパッケージには、「これを飲むだけで痩せられる！」など一見とても魅力的なキャッチコピーが書かれているような食品もある。しかしこういった商品には、特に注意が必要である。SNS等でもこのような広告の仕方をしている商品を目にする機会があるかもしれないが、実際に自分の体内に入れる時には必ず成分と含有量の表示を確認することが重要である。くれぐれも、サプリメントありきの食習慣にならないよう注意しよう。

2．プロテインとは

　プロテイン"protein"は、上述したサプリメントの一種であり、タンパク質のことを意味している。これは、炭水化物"carbohydrate"（糖質）、脂質"fat"とともに3大栄養素と呼ばれている。身体におけるタンパク質は、筋肉、臓器、皮膚、毛髪、爪などの材料となる役割を果たしている。そのため、タンパク質が不足すると筋力や筋肉量の低下だけでなく、肌荒れや免疫力低下につながる恐れがある。

　日本人の食事摂取基準（2020年版、厚生労働省）によると、18〜29歳の推奨量は男性で65g/日、女性で50g/日とされている。普段トレーニングなどをしていない人であれば、前述のように除脂肪体重（※）と同等のg数を摂取できれば良い。この程度のタンパク質量であれば、普段の食事から十分に摂取することが可能である。一方で、トレーニングを習慣的に行なっている人は、筋肉量を低下させないために（あるいは増加させるために）徐脂肪体重の2〜3倍のタンパク質量の摂取が必要である。

（※）除脂肪体重：脂肪を除いた体重のことで、筋肉量の増減と捉えられる。

除脂肪体重は、次の式のように体重と体脂肪率から算出することができる。体脂肪率の測定が可能な体重計も増えてきているので測定してみよう。

$$除脂肪体重 ＝ 体重（kg）×（100 － 体脂肪率（\%））÷ 100$$

たとえば、体重70kgで体脂肪率が20％の人の場合は、除脂肪体重は56kgである。トレーニングをしている場合の必要なタンパク質摂取量はおよそ112〜168g（除脂肪体重の2〜3倍）となる。このぐらいの量になると、全て食事から摂取するのは難しいため、ここにきてようやくプロテインの出番である。ドリンク（粉末）タイプであれば、約200〜300mLの水などにプロテインを溶かして飲むと、だいたい20〜30gのタンパク質量を摂取することがで

きる。これを朝食や運動（トレーニング）後などの食事を摂りづらい時に補食することで40〜60gのタンパク質量の摂取が可能となる。

これまでにスポーツに取り組んできた人であれば、ドリンクタイプのプロテインを一度は飲んだことがあるのではないか。私がスポーツに打ち込んでいた学生時代には、プロテインの選択肢も数えるほどしかなかった。現在はドリンクタイプだけでなく、プロテインバーや錠剤タイプなど多くの選択肢がある。プロテインには、「ホエイ」、「カゼイン」、「ソイ」などの種類がある。ホエイは純度によってさらに「WPC」、「WPI」に分かれているので、自分が飲んでいるプロテインの種類や特徴を調べてみよう。

3．目的に応じた摂取を心がけよう

サプリメントを摂取する際には、自身の目的を明確にすることが重要である。ダイエット（体脂肪量を減らすこと）を目的としているのか、筋肉量を増やすことを目的としているのか、あるいは現状の体型を維持することを目的にしているのかによって必要な食事（栄養素）は異なる。したがって、サプリメントを摂取する前に、現在の自身の食事について見直してみることをお勧めする。食事を改善しても不足する栄養素については、あくまでも"補助"として上手にサプリメントを活用しよう。

【参考文献】
（1）桑原弘樹. サプリメントまるわかり大辞典. 東京：ベースボール・マガジン社；2010.
（2）厚生労働省ホームページ「日本人の食事摂取基準」入手先 https：//www.mhlw.go.jp/stf/seisakunitsuite/bunya/kenkou_iryou/kenkou/eiyou/syokuji_kijyun.html 参照 2022-8-31.
（3）岡田隆. 無敵の筋トレ食. 東京：ポプラ社；2018.

（曽根　良太）

アンチ・ドーピング

1．ドーピングとは

ドーピングとは、競技能力を高めるために禁止されている物質や方法を使用したり、それらの使用を隠したりする行為である。2018年の平昌オリンピック・パラリンピック以降、組織的ドーピングを行っていた制裁として、ロシアは国としての出場が認められなくなった。潔白を証明した（組織的ドーピングに関与していない）選手のみ、「ROC（ロシアオリンピック委員会）」として個人資格での参加が認められているが、メダルを獲得しても国歌の斉唱や国旗の掲揚はされない。

では、どうしてドーピングはいけないのだろうか？ぜひ皆さんにも考えてみてほしい。ドーピングが禁止されている主な理由は、スポーツがフェアではなくなってしまうことにある。スポーツをする際には、ルールを守りながらプレーすることが求められる。仮にルールが全く守られずに競技が行われれば、それは競技として成立しないはずである。さらに、ドーピングは副作用として健康への悪影響も確認されている。

それでも、ドーピングはなくならないのが現状である。残念ながら日本においても、ここ10年でアンチ・ドーピング規則違反が0件だった年度はない（2022年8月時点）。ドーピングは、人種差別、パワーハラスメント、賭博・八百長、暴力と同様にスポーツの魅力や価値を損なわせるものである。スポーツの価値は人それぞれであっても、その多くの価値を守っていくためにアンチ（anti：反対）・ドーピングの活動が必要である。

2．アンチ・ドーピング規則違反について

世界アンチ・ドーピング規定では、アンチ・ドーピング規則違反として11個の項目が定義されている。禁止物質・禁止方法を実際に使用して尿や血液に禁止物質が存在することはもちろんのこと、ドーピング検査を拒否することや禁止物質・禁止方法の使用を計画することも違反の対象である。この違反の対象は、アスリートのみならずサポートスタッフ（指導者、トレーナーなど）も含まれる場合がある。

実際にアンチ・ドーピング規則違反をしたときは、制裁を受けることになる。制裁措置には、競技成績の失効（メダル剥奪）や一定期間のスポーツ活動の禁止などがある。チーム競技の場合には、チーム内で複数人違反者が出たときには、チームに対しての制裁が下される可能性もある。アンチ・ドーピング規則違反は、意図的であるか否か、アスリートに落ち度があるかないかにかかわらず違反となる。実際、過去の違反事例をみると意図しないアンチ・ドーピング規則違反（俗に言う"うっかりドーピング"）は、身近なところで起こっている。アスリート、それをサポートするスタッ

フは、食事だけでなく、日常生活においても自分の体内に取り込むモノには注意する必要がある。

3．アンチ・ドーピング活動の勧め

　ここまでドーピングとはどのような行為か、アンチ・ドーピング規則違反をした場合にはどうなってしまうのかについて述べた。ここでは、どうすればアンチ・ドーピング規則違反を防ぐことができるのかについて学んでいく。

　最初に簡単なクイズを出題する。

　Q．専門家でも禁止物質が含まれているか判断できない可能性があるものは以下の
　　　A，B，Cのどれか？
　A．医薬品、B．漢方薬、C．サプリメント

　答えは、B.漢方薬とC.サプリメントである。医薬品のような「薬」は、"医薬品、医療機器等の品質、有効性及び安全性の確保等に関する法律（医薬品医療機器等法）"によって、全ての成分が明確に示されている。一方で、漢方薬のような「生薬」やサプリメントのような「栄養補助食品」は、全ての成分を明確に示すことを義務化されておらず、成分表に記載されていない物質が入っている可能性がある（全てに含まれているということではない）。そのため、アスリートがサプリメントや漢方薬を摂取する前には、禁止物質が含まれているかを確認することが必要であり、「本当に自身に今必要なのか？」を判断しなければならない。

　医薬品は、参考文献にあるGlobal DROというサイトで禁止物質が入っているかどうかを調べることができる。市販薬を含めて普段から服用している薬がある場合には、ぜひ一度検索してみることをお勧めする。また、"スポーツファーマシスト"という最新のアンチ・ドーピング規則に関する知識を有する薬剤師がいる。スポーツファーマシストを検索できるサイトを参考文献に載せたので、自宅の近くにスポーツファーマシストがいるかについても検索してもらいたい。

　ドーピングは、アスリートのみならず周りで支える人も関心を持つべき問題である。

教員になって学生・生徒を指導する時、アスリートに直接かかわる時、あるいは将来自身に子供ができてスポーツを始めた時など、スポーツの価値を守るために自分ができるアンチ・ドーピング活動を考えてみよう。

【参考文献】

（1）公益財団法人 日本アンチ・ドーピング機構ホームページ.

　　　入手先 https：//www.playtruejapan.org/ 参照 2022-8-29.

（2）スポーツファーマシスト検索サイト.

　　　入手先 https：//www3.playtruejapan.org/sports-pharmacist/search.php 参照 2022-8-29.

（3）Global DROホームページ.

　　　入手先 https：//www.globaldro.com/JP/search 参照 2022-8-29.

（曽根　良太）

入浴の勧め

1．入浴文化

　日本人にとって入浴、お風呂は生活の一部であり、1日の疲れを癒したり、体を清潔に保つために不可欠である。とはいえ、毎日、浴槽につかるという行為は世界規模でみると一般的ではなく、シャワーで済ませる国や地域が多い。家庭だけでなく、公衆浴場いわゆる銭湯では、他人同士が裸で1つの浴槽に入浴するという日本人では当たり前の文化も、外国人からすると奇異に見えることだろう。

　日本は火山国家であり、貴重な天然資源である温泉も国民に愛されている。旅に出たときには、宿泊先に温泉があるかどうかも選択肢のひとつである。都市部でも温泉の掘削が進みスーパー銭湯等で、温泉を有する施設は数多く存在する。温泉は、英語では"Hot spring"だが、最近ではインバウンドの観光客を中心に"Onsen"がそのまま用いられるようになっている。

　温泉は日本以外では、トルコ、イスラエル、そして多くのヨーロッパの国々でも好まれている。温泉は、多様な疾病、たとえば関節リウマチや変形性関節症、腰痛などの運動器の疾患、慢性閉塞性肺疾患や心不全などの呼吸循環器系の疾患、乾癬などのアトピー性皮膚炎などの皮膚疾患の治療（標準的治療に加えて）やリハビリテーションに広く用いられている。

　国内において温泉をめぐる新たな動きがあり、環境省は「新・湯治」プラン（https：//www.env.go.jp/nature/onsen/spa/index.html）を策定し、温泉地周辺の地域資源を多くの人が楽しみ、温泉地に滞在することを通じて心身ともにリフレッシュすること、そして温泉地を多くの人が訪れることで、温泉地自身のにぎわいを生み出していくことを目指そうとしている。

2．入浴の健康づくりの活用

　入浴は温水につかることであり、水の特性から大きな健康増進効果が得られる。
①　浮力－水中では浸水部分の体積に応じて加重負荷が減少。

➡筋肉を弛緩させるので、リラックス・ストレッチ効果が高い。

②　抵抗－水中運動や水泳をした場合、水自体が抵抗となり、それを押しのけて移動
　　　　するので筋力トレーニングの効果がある。

➡自身の出した力分しか負荷がかからないので筋肉痛になりにくい。

③　水圧－下肢を中心に筋肉が程よく圧迫されるので血流が良くなる。

➡むくみ軽減・予防、疲労回復。

④　水温－温熱効果により代謝が高まる。

➡減量効果や最近ではヒートショックプロテインという物質が産生され
　免疫機能を高める効果が報告されている。

　前述したように、疾病の治療効果からわかるように、慢性的な身体の痛みの軽減や
リハビリテーションに有効である。このメカニズムとしては、温熱が血流を促進して
疼痛発生化学物質（痛みの原因物質）を分散させたり、侵害受容器（痛みを感じるセ
ンサー）をブロックしたり、交感神経活動を鈍らせる、浮力が筋や全身を弛緩させる
などが総合的に作用していると考えられている。

　日本の中高年を対象とした疫学研究によると、入浴（湯船につかる）を頻繁にする
人とそうでないでは、入浴が多い人の方が高血圧、糖尿病、脂質代謝異常などの基礎
疾患が少ないことが報告されている。また、2型糖尿病（生活習慣に起因する疾病）
における血糖のコントロールは入浴を良くする人の方が良好であることが報告されて
いる。

　これらのことから、面倒がらず、水道代は気にせず、シャワーではなく、ゆったり
と湯船につかる入浴を心身の健康づくりのために推奨する。

3．たった2～3℃が大きな違い

　クイズとして、「寝る前」は熱め、またはぬるめの風呂（シャワー）が良いか？「こ
れから試験がある。大事な面談や試合がある。」といったときは熱めの風呂（シャワー）
が良いか、それともぬるめの風呂が良いか？答えは、前者はぬるめで後者は熱めであ
る。表1に示すように、ぬるめは体温よりちょっと高い程度の水温（37～39℃）であ
り、熱めはおおむね41～42℃（43℃以上は熱くて入れない）である。この差は、たっ
た2～3℃であるが、生体へ与える影響は大きく異なる。

　前者は深い眠りにつきたいことを意図しているので、ぬるめの風呂にゆっくり長く
入ると、副交感神経が優位になり、その後良好な睡眠が得られる。一方、後者は頭や
体をシャキとさせ、その後の活動やタスクに万全な体勢で臨むことを意図しているの
で、覚醒を促す熱めによって交感神経が優位となる。ただし、熱めの場合、入りすぎ
ると疲労するので短時間入ることがポイントである。

　このように温度を調整して入浴をするのも睡眠や、学習・各種の活動をより充実し
たものにするために効果的であるので、生活の中に取り入れてもらいたい。

表1　温度別にみた生体への影響

	37〜39℃	41〜42℃
	ぬるめの風呂	熱めの風呂
自律神経活動	副交感神経優位	交感神経優位
消化吸収	促進	減少
骨格筋	弛緩	収縮
血圧	不変	上昇
心拍数	不変	増加
瞳孔	不変	拡散

【参考文献】

（1）日本温泉気候物理医学会. 新温泉医学. 東京：JTB印刷；2004

（2）早坂信哉，後藤康彰，栗原茂夫. 健康づくりハンドブック：入浴指導. 東京：日本健康開発財団・温泉医科学研究所；2019

（3）Kamioka H, et al. Relationship of daily hot water bathing at home and hot water spa bathing with underlying diseases in middle-aged and elderly ambulatory patients: A Japanese multicenter cross-sectional study. Complementary Therapies in Medicine 2019；43：232-9.

（4）Kamioka H, et al. Association of daily home-based hot water bathing and glycemic control in ambulatory sectional study. Diabetes, Metabolic Syndrome and Obesity：Targets and Therapy 2020：13 5059-69.

（5）Kamioka H, et al. Overview of systematic reviews with meta-analysis based on randomized controlled trials of balneotherapy and spa therapy from 2000 to 2019. Int J General Med 2020；13：429-42.

（上岡　洋晴）

季節のスポーツの勧め

１．四季折々と時間

　日本は春夏秋冬という明確な季節があり、生命の息吹をまざまざと感じさせてくれる。そのイメージは人それぞれだが、春は花・緑、夏は海・山、秋は紅葉、冬は雪・氷という典型的な景色の１コマが脳裏に浮かぶことだろう。四季は色・匂い・暑熱寒冷・乾湿、そして食すれば味など、まさに人の五感を刺激してくれる。

　大学生は春・冬・夏休みなど長期の自由時間が多い。これほど長い休みは、学業の予習復習だけでなく、貴重な自分探しの時間であることを意味する。社会人になると退職するまでこれほどの長期休暇はまったくといっていいほどない。この期間には、部活動、ボランティア、インターン、短期留学、アルバイト、旅行など取り組める選択肢は実に広い。今こそ「自然回帰」、非日常の季節のスポーツ・レクリエーションを体験し、人生の質[注]（Quality of life：QOL）を高めるチャンスである。

　（注）QOLは一般的に「生活の質」と訳すが筆者はあえて「人生の質」と称する。

２．季節のスポーツ・レクリエーションとは？

　季節のスポーツ、換言すればアウトドア種目で、そのリスト化の方法は多様だが一例を次頁の表１に示す。もちろんその他にも多くの種目がある。主たる魅力はそれぞれ異なるものの、共通するキーワードは「自然」、「楽しさ」、「喜び」、「満足感」といったところで、自身の感性をも高めてくれることが理解できるだろう。

　一方、留意事項ではほとんどが「最初は熟練者の指導が必要」と記載している。これには２つの面がある。１つは安全であり、この対策をしっかりと学ぶべく専門家・インストラクター・熟練した仲間などの指導が必要である。もう１つは基本学習で、その種目の技術・コツを身に着けるには最初が肝要である。我流で始めてしまうと悪い癖がついたり、体を痛めるような動作・フォームとなったりして結局、遠回りすることになるからである。

　事前に行おうとするビデオやYoutubeなどを閲覧するだろうが、プロ級のクールなものを見て盛り上がることだろう。そのこと自体を否定はしないが、絶対に最初からそのレベルにはならないので、自身が最初に行うことになるであろう基本動作を反復して閲覧すると最適なイメージトレーニングになる。どんなスポーツでも、熟練者のプレイは簡単そうに見えるので、ハイレベルなものは残念ながら参考にならない。

　こうしたわけで基本第一、基本ができてくれば、後は安全面を第一としながら自身や仲間たちとできるものばかりである。長い休みなどを利用してチャレンジしてみてはいかがだろうか。

表1　季節のスポーツ・レクリエーションの例

季節	種目	魅力	留意点
春	里山歩き	比較的気軽に自然を満喫できる	低山でも遭難することがある
	登山	踏破する喜びと自然を満喫できる	最初は熟練者の指導が必要
	サイクリング	長い距離を走破でき、風になったような感覚を得られる	落車・事故に注意
	ゴルフ	自然の中で仲間と童心に返って楽しむことができる	最初は熟練者の指導が必要
	キャンプ	自然の中で非日常の生活を送ることができる	
	トレッキング	道なき道をアタックすることでの達成感を得られる	
夏	水泳	健康・体力づくりに最適で生涯スポーツになる	必要に応じて泳法指導をしてもらう
	サーフィン	海のエネルギーを得ながら浮遊・舞をしている感覚が得られる	最初は熟練者の指導が必要
	ボディーボード	比較的気軽に波を滑る感じが得られる	
	ヨット	海上で風を操っているような達成感とスピード感が得られる	
	カヤック・カヌー	体感スピードが速く、快適に水辺からの景色を楽しめる	
	サップ	比較的気軽に水上を滑るように進む快感と水辺からの景色を楽しめる	
	ダイビング	水族館で見るような魚と一緒に泳いでいる喜びを得られる	
	キャンプ	自然の中で非日常の生活を送ることができる	
	トレッキング	道なき道をアタックすることでの達成感を得られる	
秋	紅葉狩り	比較的気軽に自然を満喫できる	低山でも遭難することがある
	サイクリング	長い距離を走破でき、風になったような感覚を得られる	落車・事故に注意
	ゴルフ	自然の中で仲間と童心に返って楽しむことができる	最初は熟練者の指導が必要
冬	スケート	スピードをもって楽に滑ることができることの爽快感を得られる	最初は熟練者の指導が必要
	スキー	景色を楽しみながら滑走できる爽快感を得られる	
	スノーボード	景色を楽しみながら滑走できる爽快感を得られる	
	雪上歩行（スノーシュー）	景色を楽しみながら自身の脚で踏破できる達成感が得られる	

【注】費用については記載していない。注意事項は一般的な事項に留めている。
　　　季節はあくまで目安で実施できる各種目は場所によって異なるし、季節と関係ないこともある。

3．備えあれば憂いなし、楽しく充実

　アウトドアということは、天候が一番重要である。「天気の情報」、「プレイする場の情報」を入念に調べておく必要がある。前者は天気予報だが、最近の予報は精度が高く、時間・分単位で的中することがほとんどである。後者は、交通・路面情報、雪面・氷上の具合、海水面の状態などのことである。いずれにおいても、それに対応した準備、すなわち服装・靴、各種のグッズ・ギアを用意することであり、これらは命にかかわるかもしれない。

　テレビでもよく報じられているように、熟練者であっても遭難したり、水難事故を起こしたりする。油断や過信は禁物であり、自然の力には非力であることを肝に銘じてその中で楽しむことが大切である。

4．Good Luck！

　アウトドアの種目においてすべて共通するのが、前述のように天候に左右されるということである。もし、スキー・スノーボードに初めてチャレンジするときに、晴天だったら最高で周囲の壮大な山々の景色を楽しめ、大いに写真映えもするだろう。しかし、視界数メートル、寒さ倍増の吹雪だったら、「ウインター・スポーツは何が楽しいのだろう？寒くて早くホテル・家に戻りたい。2度とやらない。」と思うのが常である。

　だからといって、予約の都合上、天気予報を見て日程を変えるというのは大変難しいだろう。ある意味、これは運任せのところがある。その場合、良いことばかりでなく、「自然の厳しさも学んだ」ということでまたリベンジすればよい。人生は長いのでまた良いチャンスは必ずやってくる。

　Good Luck！

（上岡　洋晴）

早生まれは損なのか

1．プロ野球選手は早生まれが少ない

　メジャーリーグ大谷選手の活躍など、スポーツにおける日本人の国際的な活躍は、子どもたちに大きな希望を与える。いつかは自分も……、と夢見る少年・少女もいるだろう。一方で、その夢の達成に「生まれ月」が影響しているとしたら、あなたはどう思うだろうか？

　私が日本人のプロ野球選手の生まれ月を調べたところ、4〜6月生まれの選手数は、プロ野球選手総数の34％、一方で、1〜3月生まれ（早生まれ）の選手数は、15.5％であった。4〜6月生まれは1〜3月生まれよりも2.2倍プロ野球選手になりやすいということである（図1）。一般の日本人では、このような生まれ月の偏りはない。このような傾向は、野球だけでなく、サッカー、バスケなどの球技でもみられる。オリンピック出場選手においても、特に男子において同様の傾向である。最近では、学力や非認知能力なども似た傾向があることがわかってきた。

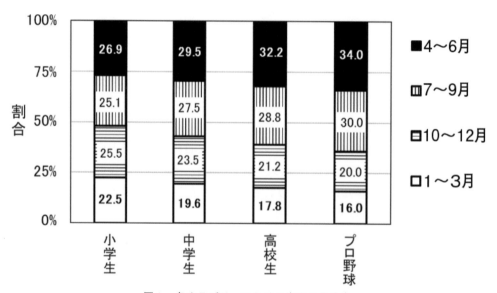

図1　各カテゴリーにおける生まれ月分布
小学生、中学生、高校生：一般の野球選手
4〜6月生まれの割合は、年齢経過とともに増加する。
一方で、1〜3月生まれの割合は減少していく。
一般の日本人の場合は、3カ月毎の生まれ月割合は25％である。
小学生：884人、中学生：1,426人、高校生：830人、プロ野球選手：2,238人
〔出典〕Katsumataほか（2018）のデータより作図

2．早生まれが不利な理由

　日本では学校教育法により、４月１日を学年の切り替え日とする学年制が取り入れられている。そのため、同学年内の子どもには暦年齢差がある。たとえば、生まれたばかりの０歳児（４月１日生まれ）と、歩行ができるようになった１歳児（４月２日生まれ）は、小学校に入学すると同学年の生徒になる（図２）。同学年内の暦年齢差は、特に幼少期において身体の大きさや運動能力の個人差などの「身体的要因」に影響する。しかし、その個人差は、年齢経過とともに小さくなり、男子であれば高校生、女子であれば中学生くらいにほとんど消失する。

　では、なぜプロ野球選手の生まれ月には偏りがあるのだろうか。その理由は「精神的要因」にある。たとえば、４〜６月生まれは、幼少期に運動能力や技能に対する有能感を得ることができる。さらに、親やコーチなど他者からの高評価と相まって、運動が好きになる、運動を継続する、スポーツに参加する、スポーツが盛んな学校に進学する、といった競技力向上につながる好循環を生む。一方で、早生まれはその逆、つまり悪循環に陥る可能性がある。たとえば運動嫌い、スポーツから途中離脱する、スポーツに参加しないなどである。実際に、小学生、中学生、高校生の野球選手の生まれ月を調べたところ、早生まれの割合は年齢経過とともに低下していた（図１）。このように学年制や年齢区分が「身体的要因」や「精神的要因」などに影響することを「相対年齢効果」という。

3．早生まれの逆転が起こるのはなぜか

　ここまでの話をきくと、やはり早生まれは不利なのか、と思うかもしれない。しかしそうではないデータもある。プロ野球選手の中でも最優秀防御率、最高打率などのタイトルを獲得した日本のトッププロ野球選手の生まれ月を調べたところ、その割合は、早生まれのほうが高い傾向であった。このような「早生まれの逆転」はなぜ起こるのだろうか。次の理由などが考えられる。
○早生まれの選手のほうが「身体的要因」に伸びしろがある。
○自分よりも上手な選手に負けないように頑張れる負けん気やハングリー精神がある。
○４〜６月生まれが過大に評価されてプロ野球選手になっている。

4．生まれ月の問題を解決する

　学校教育法などの法律はさておき、生まれ月による「格差」を是正する方法を考えてみたい。まず、子どもの評価基準を変えることである。たとえば、学校で行われている体力テストについて、生まれ月の影響を考慮した評価を取り入れるという方法がある。また、小学生期の全国大会では４〜６月生まれの割合が高い。小学生期の全国大会を廃止した競技もあるが、成長度合いに差がある子ども期に全国大会が必要な

のか、目的や意義を明確にした上での再検討も必要だろう。

　なお、生まれ月は数多くある「環境要因」のひとつにすぎない。「親ガチャ」という言葉が話題になったが、子どもは親や生まれてくる日を選べないし、育つ場所を変えることも難しい。だからこそ、「環境要因」による格差をできるだけ小さくするような教育制度や社会の仕組みを充実させていく必要がある。

生まれたばかりの0歳児
（2023年4月1日生まれ）

歩行ができるようになった1歳児
（2022年4月2日生まれ）

図2　同学年内の暦年齢差
左側の0歳児と右側の1歳児は、いずれ同級生になる。

【主な参考文献】

（1）Katsumata Y, et al. Characteristics of Relative Age Effects and Anthropometric Data in Japanese Recreational and Elite Male Junior Baseball Players. Sports Medicine 2018：4：52.

（2）Katsumata Y. Influence of the Relative Age Effect on the Competitive Level and Playing Position of Male Japanese Elementary School Baseball Players,International Journal of Sport and Health Science 2018：16, 231-235.

（勝亦　陽一）

子どもの体力低下

1．子どもの体力は低下している？

　子どもの体力低下は、子ども期だけの短期的な問題だけでなく、成人期以降の長期的な身体的・精神的な体力低下につながる。さらに、転倒による外傷、生活習慣病などの疾病の増加、意欲や意思の欠如による心の病などが「なだれ」のように起こる可能性もある。従って、子どもの体力低下は、個人の問題を越えて、日本の課題と考えられている。

　日本では、小・中学校において新体力テストや運動習慣などに関する調査を毎年行っている。そこで著者は、子どもの体力低下について検討するために、小学5年生の男子データを分析した。1985年度の子どもの体力を100%として、それ以降の子どもの体力を相対的に示した。その結果、以下の3点が明らかとなった（図1）。
○身長および体重（体格）は増加傾向である。
○握力、50m走、ソフトボール投げ（筋力や瞬発力）は低下傾向である。
○反復横とび（俊敏性）は、2019年度までは増加傾向、その後は低下傾向である。

　本来、体格がよくなれば筋力や瞬発力は増加するはずだが、それらが低下していることは問題である。一方で、反復横とびが2019年度まで増加した理由はわからない

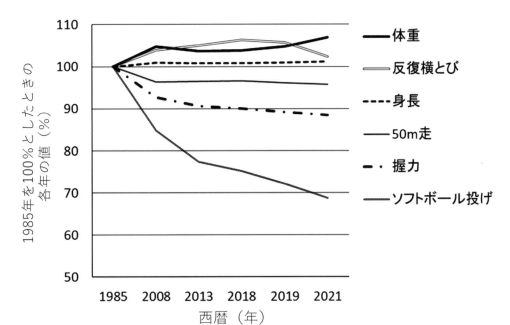

図1　体力の経年変化（1985年を100%とする）
〔出典〕スポーツ庁ホームページのデータより著者が作成

が、近年の低下には感染症による活動自粛が影響しているのかもしれない。なお、ここには掲載していないが、2008年以降、長座体前屈は増加傾向である。

2．体力低下に影響する3つの「間」

　現在は、公園や空き地でのボール遊びを禁止しているところが多く、子どもが自由に遊ぶ「空間」が激減している。また、学習・芸術・スポーツの習い事の増加により「運動時間」が減少している。さらに、地域コミュニティの衰退によって、一緒に遊ぶ「仲間」が減っている。これらの3つの「間」の減少が子どもの体力低下に影響していると考えられている（図2）。

　ソフトボール投げは、技術的に難しく、走や跳のように日常的に行う動作ではない。ボール投げをする「空間」がないことが、他のテストと比較して記録の低下が著しいことに影響しているかもしれない。昔は公園や空き地で遅くまで子どもが遊んでいたが、それを元に戻すことは現実的ではない。現代にあった具体的な取り組みとして、地方自治体では、ボール遊びができる施設マップを公開する、時間・場所を限定してボールの使用を認める、大学生やシニアのスタッフが子どもの遊びの手伝いや道具の貸し出しをして安全に遊べるようにする、といった事業が行われている。

図2　「空間」「時間」「仲間」の減少が子どもの体力低下に影響

3．体力向上のための教育

　選択肢や価値観は多様化しているため、運動ではなく他のことを選択する人が増えている。では、子どもは学校以外で何をしているのか。そのひとつがテレビ、スマートフォン、ゲーム機等の視聴（スクリーンタイム）である。1日に2時間以上スクリーンタイムがある人の割合は、小学生では50～60%、中学生では70%程度であり、特に男子において経年的に増加している（2021年度調査）。一方で、スクリーンタイムが

長くなるほど体力合計点は低い傾向である。

　このような結果を踏まえると、強制的に運動時間を確保すべきだと思うかもしれない。しかし、「やらされた運動」では、楽しさも感じられず長続きはしないだろう。そこで近年では、小学校において運動を楽しむこと、主体的に運動すること、運動が好きな子を増やすことを目的とした教育が行われている。たとえば、休み時間の校庭の使い方・遊び方の改善による運動の日常化、タブレットなどのICTを用いた楽しい体育の実践である。これらはスポーツを楽しみたい、上手になりたい、という子どもの根源的欲求を刺激するための教育である。

4．余談

　ところで、子どもの体力のうち、筋力や瞬発力が低下することは、本当に問題なのだろうか。

　日常生活を考えると、筋力や瞬発力はあまり必要ない。また、体力テストの実施や改善策は、子どもの長期的な体力、運動習慣、生活の質にどのような影響を与えているのだろうか。もしかすると、悪影響ということもあり得るのではないか。さらに言えば、計測できていないだけで、現代の子どもが過去の子どもよりも優れている体力があるのではないか。たとえば、映像をみて素早く動く、手先を細かく動かすなどである。

　人は年齢を重ねると、「最近の若者は……」、「……は当たり前」という偏見や思い込みが多くなりがちである。このような固い頭ではなく、柔軟な思考を持ち続けたいものである。子どもの体力低下に関する問題についても、上記のような長期的かつ多角的な視点から柔軟に検討することも今後は必要ではないかと考えている。

【参考文献】

スポーツ庁ホームページ．「全国体力・運動能力，運動習慣等調査」（昭和60年度〜令和３年度）．

入手先 https：//www.mext.go.jp/sports/b_menu/toukei/kodomo/zencyo/1368222.htm

参照 2022-9-23.

（勝亦　陽一）

免疫機能を高める

1．免疫とは

　世界的な新型コロナウイルス（コロナ）感染拡大を受けて免疫機能への関心は高い。免疫は大きく分けて「自然免疫」と「獲得免疫」の２つがあり、前者は生まれつき体に備わっている免疫のことで、後者は一度体内に侵入した異物を記憶し、２度目以降に反応する後天的な免疫のことである。

　免疫の重要な役割は、外部から侵入してきた病原体などを非自己と認識して排除する防衛機能である。かぜをひいて、せきやくしゃみをして異物を外に出そうとしたり、熱を上げてウイルスを殺そうとするなど多様反応をしている。コロナやインフルエンザなどの予防接種を受けると、以後にそうした病気にかかりにくくなったり、症状が軽くて済むのは免疫（抗体）ができるからであり、免疫機能を高めるのに役立っていることがわかる。

2．免疫機能と加齢、下げる因子

　ヒトの免疫においては、赤ちゃんのときは母体の免疫を受けつぎ、かぜなどの病気にならないが１年ほどするとそれが切れ、以後、子どものうちは様々な感染症にかかるし、定期的に法定の予防接種をたくさん受ける。成人になると免疫機能はほぼ最高に達し、加齢とともに低下する。これには免疫細胞をつくる機能の低下と、免疫細胞自体の機能の低下のためである。高齢者がかぜをひきやすい、また肺炎に進行しやすいのはこのためだと考えられている。

　若い人でも免疫機能は下がる。たとえば、不衛生な生活、不規則な生活習慣、偏食・栄養不足、睡眠不足、過度なストレスなどがあげられている。かぜをひきやすくなる、かぜが治りにくくなる、のどが痛くなりやすくなる、口内炎ができやすくなるなどの症状は、典型的で生活全般を見直す必要がある。

3．免疫機能を高めるポイント

　バランスの良い食事が基本だが、ヨーグルトや納豆、味噌などの発酵食品、また善玉菌を増やす食物繊維やオリゴ糖の摂取も腸内の環境を整え免疫機能を高める。ほうれん草や玄米、めかぶなどはLPS（リポポリサッカライド）を多く含みマクロファージの活性化を促すということで注目されている。

　過剰な運動は、逆に免疫機能を下げる。定期的な適度な運動は、体温を一時的に高めたり、血流促進につながる。入浴も体温を高めることからシャワーではなく、浴槽につかる入浴が推奨される。体温が高まることでヒートショックプロテインがつくられ、免疫機能を高めることが知られている。十分な睡眠も必須である。

　こうしたことから、免疫に関しても良好な生活習慣が基本となっていることがわかる。

【参考文献】

（1）小野江和則，上出利光監修．メディカル免疫学．東京：西村書店；2006．

（2）藤本秀士．病原体・感染・免疫．東京：南山堂；2008．

（3）厚生労働省ホームページ．E-ヘルスネット：腸内細菌と健康．
　　入手先 https://www.e-healthnet.mhlw.go.jp/information/food/e-05-003.html
　　参照 2022-6-26．

（4）伊藤要子．ヒートショックプロテイン加温健康法．東京：法研；2013．

（5）上岡洋晴．温泉が健康づくりに有効な科学的根拠．In 森本兼曩，阿岸祐幸編．温泉・森林浴と健康．東京：大修館書店；2019．p.97-108．

（上岡　洋晴）

ミルキングアクションとは

1. なぜ重力に逆らって血液が頭まで上がっていくのか？

　心臓から押し出された血液は、全身をめぐるが単純に重力に基づき落下として足先の方へ行くことは理解できる。しかし、なぜ重力に逆らって上半身、そして脳へと運ぶことができるのだろうか？

　1つ目は、心臓の拍出力（押し出す力）と血圧が大きな役割を担っている。2つ目は、静脈には弁がついていて、血液の逆流を防ぐということも生物で習ったことだろう。そして3つ目、よく知られていないのが筋肉のポンプ作用「ミルキングアクション」である。とくに下肢の筋肉が無意識化でも収縮と弛緩を繰り返して血管を次々に絞るようにして血液を押し上げてくれている。その機能が牛の乳しぼりに似ているのでこの名称がついている。

　前述のように、心臓の収縮力と弁だけでは重力に逆らって絶え間なく、不足なく脳まで血液を押し上げ続けることは困難であり、筋肉が大事な役割をしているということである。筋肉は単に物理的に力を発揮するだけでなく、このように生命の維持にとっても大切な役割を果たしている。

　若い女性の一部において、見た目の良さということで「あしやせ」と称して、ふくらはぎの筋肉を細くしようとする人がいる。第2の心臓といわれるように、とくにふくらはぎの筋肉は、血液循環の大きな力になっているので下肢の筋肉を減らすことは、極めて危険なことである。ふくらはぎの筋肉量を減らすことは、クラクラしたり、めまいがしやすいので立位が継続できない、すぐに気分が悪くなるなどの起立性調節障害を引き起こすリスクを高めるので、「あしやせ」はタブーであり、むしろ下肢を鍛え続けることの重要性が理解できるだろう。

筋ポンプ作用のイメージ

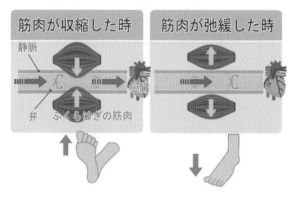

2．持久走など長時間運動直後に急に座ってはいけない理由

　これまでの体育や運動部活動などでの持久走に象徴されるように、一定時間長く走ることがあっただろうが、ゴール後、先生は必ず「走り終わってもすぐに立ち止まったり座ったりせず、しばらくジョグしたり歩きなさい。」と指導したはずである。これはもちろんしごくための声かけではない。

　走っているときは、脚の筋肉が強く収縮弛緩を繰り返していて、極めて強力なミルキングアクションにより脳まで寸分たりとも不足なく血液を押し上げ続けてくれている。しかし、急に止まり脚を動かさなくなると、それまでのような押し上げる力がなくなり、脳への血流が滞りやすくなる。すると、一過性の脳貧血を発生させ、目の前が真っ白になったり、気分が悪くなるというメカニズムになっている。

　そのため、持久走後はすぐに座りたいところだが、急に止まらずしばらく歩いたりすることでミルキングアクションの急激な低下による脳貧血を防ごうと先生はこのような指示をしていたのである。

　関連して、児童・生徒においては朝礼や始業式・終業式などで長時間立ったままの状態のときに、顔が青ざめ、気分が悪くなり倒れるような友人を見たことがあるだろう。これもまさにミルキングアクションの低下が原因である。行儀よく立っていなくてはいけないため、脚・足を動かさない状態が続きポンプ作用が低下、脳への血流も少しずつ低下して一過性の脳貧血に至る。このようになった場合には頭を低くして寝ると、比較的早く回復する。これからの社会生活の中でセレモニーなど立位にて行儀良くしなくてはいけないときは、休めの姿勢で頻繁に足を入れ替える、ごくわずかな角度でのスクワットをする、足の指にぐっと力を入れたり抜いたりして収縮をさせることで、ミルキングアクションを促すことができる対応策である。もちろん、気分が悪くなりそうなときには早めに退出する、申し出ることが肝要である。

3．エコノミークラス症候群（通称）

　飛行機や電車、バスなど狭いところでじっとして動かないでいる時間が長くなると、末梢（足）で血栓（血の塊）ができやすくなる。これが血液に乗って全身へ運ばれ、重要な器官を詰まらせてしまうことがある。一連のメカニズムをエコノミークラス症候群という。これが肺に入ると死亡することもあり、肺血栓塞栓症という。

乗り物だけでなく、災害があった際の避難所でもこのエコノミー症候群が大いに懸念され、立ち上がって歩いたり、ストレッチや軽い体操をすることが大事である。ポイントは脚、足先を動かすことである。血栓は脱水になるとできやすいこともあり、運動と水分補給がここでも重要なことがわかる。

　飛行機に乗ると座席の前のポケットにイラスト入りで「足先を動かしましょう」「足をマッサージしましょう」「たまには立ち上がって動きましょう」というリーフレットが置いてあり、予防のための啓発がなされている。まさにエコノミーは、国際線でより狭い座席にて体を動かすことができないので、この名称を用いての症状を示している。

　ちなみに全身麻酔に及ぶような手術をするときには、患者はふくらはぎをぐっとしめつける弾性ストッキングを着用する。これも筋肉を押さえつけることで、手術中にエコノミークラス症候群にならないように血液循環を促進させている医療行為である。

　脳、全身へ血液をしっかり送り続けるために脚の筋肉を鍛え続けること、また座位や立位のままの状態が長いなら、図1のように脚・足を動かすことを覚えておいてもらいたい。

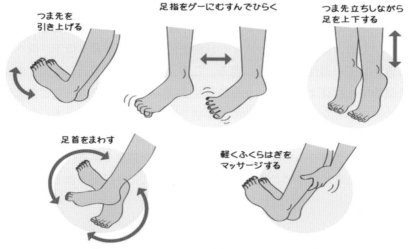

図1　エコノミークラス症候群を予防する運動

（上岡　洋晴）

オリンピックとパラリンピック

1．オリンピック・パラリンピック教育

　中学生や高校生のときに、オリンピック・パラリンピック（以下「オリパラ」という。）に関する教育を受けた者も多いかもしれない。それは、日本国が、オリパラの理念や価値を体験的に教える活動を推進しているからである。特に、2020年東京オリパラの開催が決まってから開催までの期間は、東京周辺においてオリパラの教育活動が盛んに行われた。一方で、東京オリパラは、感染症の拡大により通常通りに開催されなかった。また、その後の収賄に関する問題が発覚した。これらを通して、オリパラの意義や本質を再考する機会になったのではないだろうか。このコラムでは、オリパラの歴史的経緯や近年のオリパラの意義、問題・課題について改めて整理をしてみたい。

2．オリパラの歴史的経緯

　現在行われているオリパラの起源は、紀元前 8 世紀頃から1200年続いた古代オリンピックにある。古代オリンピックはゼウス神を祭る聖なる祭典であり、 5 日間の祭典期間を含め、前後 3 カ月間を休戦期間とした。競技種目は、走る・投げる競技、レスリング、ボクシングなど数種類であって、多くの観客が集まっていたようである。その後、古代オリンピックは、宗教上の関係で開催されなくなった。

　しばらく時が経った後、フランス人のクーベルタンは、1896年に古代オリンピックを復活させた。彼は、スポーツが青少年の教育に重要な役割を果たしていること、人の成長には肉体と精神の調和が重要であることから、スポーツによる教育の確立と世界平和への貢献を目指した。このオリンピックは、古代オリンピックの休戦の考えを遺産として受け継いだこともあって、オリンピックを「平和の祭典」と呼ぶようになった。現在では、夏季と冬季別に、世界各地で 4 年毎に大会が行われている。

　日本は、1912年ストックホルムから 2 人の選手が参加した。そのオリンピックへの

選手派遣に奔走したのが、東京高等師範学校（現・筑波大学）の校長を務めた嘉納治五郎（※１）であった。その後、日本では、1964年東京（夏季）、1972年札幌（冬季）、1998年長野（冬季）、2020年東京（夏季）の４回オリンピックが開催された。

　パラリンピックの起源は、障がい者の治療・リハビリを目的に行われた競技大会にある。この競技大会は、1952年に国際大会になり、その後、1960年ローマにおいてパラリンピックの第１回が行われた。現在では、複数の競技を開催するスポーツ大会としては、世界で３番目に規模が大きい。なお、国際パラリンピック委員会の理念は、「スポーツを通じ、障がいのある人にとってよりよい共生社会を実現すること」である。

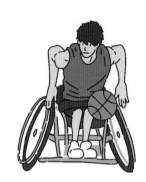

３．オリパラの問題・課題

　1968年メキシコ大会では、アフリカ系のアメリカ人選手２人が表彰式で黒い手袋をした手を掲げ、人種差別について訴えて追放された。オリンピック委員会は、オリンピック憲章（※２）に基づき、政治的、宗教的、人種的な宣伝活動を禁じている。一方で、文化や社会が多様化する中で、アスリートの存在意義や価値も変化している。近年では有名アスリートが人種差別などの抗議運動に賛同することも増えてきた。アスリートの発信するメッセージは、良くも悪くも影響力が大きいため、社会問題の解決または悪化に繋がる可能性もある。抗議行動の種類は様々であるため、ペナルティの規定などのガイドラインの作成は難しいと予想されるものの、時代に合わせてオリパラの憲章を変えることについても議論が必要だろう。

　1972年ミュンヘン大会では、オリンピック史上最悪の悲劇といわれる事件が起こった。パレスチナのゲリラ集団が、オリンピック選手村のイスラエル選手宿舎を襲撃し拘束して立てこもり、11人の死者が出る大惨事になった。この事件は、収監中のパレスチナ人の解放を求めた、オリンピックを利用したテロ行為であった。その後、1996年アトランタにおいても爆弾事件が起こるなど、オリンピックはテロ行為の対象とされてきた。これは、オリンピックの規模が大きくなり、世界的イベントになったことが関係していると推察される。

　大会の規模については、競技・種目数、選手数、そして観客数も増加し続けている。東京2020大会でもそうだったように、競技施設の建設費や大会期間中の安全対策費な

ど、オリパラを開催するには多額の資金が必要であり、日本では税金が多く使用された。したがって、経済的に豊かな国の大都市でなければ開催が難しいことが問題視されている。さらに、近年、環境問題への関心が高まっており、オリパラ開催が環境に及ぼす影響も心配されている。

一方で、日本をはじめ、オリパラの開催を希望する国は数多くある。その理由のひとつが、オリパラ開催による経済効果である。具体的には放映権料、スポンサー料、外国人旅行者の増加による観光ビジネスの活性化である。特に、放映権をもつ国の視聴者に合わせて試合開始時間が設定されるといったオリパラの商業主義化は選手を優先しているとは言い難く、オリパラが抱える課題のひとつであろう。

4．まとめ

オリパラ選手の活躍は、多くの人に喜びや感動を与える。上述したように、オリパラの理念には、社会的かつ教育的な意義があることも理解できる。一方で、現状のオリパラには、社会・文化の多様化やオリパラの規模拡大に伴う問題・課題がある。今後のオリパラに期待することは、選手が安全かつ安心してプレーできる環境を用意することである。また、目の前の大会だけではなく、将来の人々、地球環境や未来のことを考えた持続可能な大会運営、環境や人権に関する問題解決に向けた文化・社会づくりに貢献することも期待したい。そして、本書の読者には、選手の活躍やオリパラの情報をそのまま受け入れるのではなく、客観的かつ多面的にオリパラを分析する機会を設けてもらいたい。

（※１）嘉納は「体育は、身体を強くするだけではない。自分と他人を道徳的に高められるし、生涯続けることで心身ともに若々しく幸福に生きることができる」という考えをもっており、「柔道や体育で得た道徳的な価値を社会生活でも実践してほしい」という思いを抱いていた。彼の考えは、その後の日本の体育、スポーツ教育の基盤になっている。

（※２）オリンピック憲章「オリンピズムの根本原則」「六　オリンピック憲章の定める権利及び自由は、人種、肌の色、性別、性的指向、言語、宗教、政治的またはその他の意見、国あるいは社会のルーツ、財産、出自やその他の身分などの理由による、いかなる種類の差別も受けることなく、確実に享受されなければならない。」

【参考文献】
（１）東京都教育庁指導部指導企画課 編.『オリンピック・パラリンピック学習読本』東京；東京都教育庁指導部指導企画課；2016.
（２）日本パラリンピック委員会ホームページ
　　　入手先　https：//www.parasports.or.jp/paralympic/ 参照 2022-9-23.
（３）日本オリンピック委員会ホームページ
　　　入手先　https：//www.joc.or.jp/ 参照 2022-9-23.

（勝亦　陽一）

おわりに

　大学のスポーツ・体育の授業は、「教養」科目である。教養とは、単に「幅広い知識がある」ということではない。自分に必要かつ正しい知識を「選別」して自分の人生を豊かにすること、知識を「活用」して目標を達成すること、知見そのものをさらに掘り下げて「探求」することである。

　人は誰でも、子どものころは身体が成長し、高齢になると身体の機能が低下する。また、身体の機能は、生活・運動習慣の影響を受けて変化する。したがって、各ライフステージにおいて自身の身体機能を把握し、生活・運動習慣を適切に変えていけるかどうかは、各自の教養によるところが大きい。そう考えると、スポーツ・体育関連の授業は「身体の教養」を学ぶための科目といえる。

　本書は、上記のことを考慮して、スポーツ・運動における、「する」、「できる」、「みる」、「かかわる」をより深く味わうための「わかる」を意識して構成・執筆した。たとえば、体力・技術・トレーニングに関する理論（第1章）、トレーニングの具体的な方法（第4章）を理解して、各競技種目のルールや戦術（第3章）を実践できれば、安全かつ安心にスポーツ・運動を「する」ことができるし、仲間との「かかわり」方は多様になり、スポーツ・運動をより深く「みる」ことができる。また、運動・休養・栄養などの健康づくりに関する基礎知識（第2章）を理解することで、目的や目標を効率的かつ経済的に達成することができる。

　年齢や環境が変われば、スポーツ・運動、健康に対する考え方や必要性も変わる。読者のみなさんは、今だけでなく、数年後、十数年後にも本書を読んで、学び、考え、スポーツ・運動を実践していただきたい。そして、わかったこと、できるようになったこと、面白いと感じたことがあれば、周りにいる人に本書の情報を伝えてもらいたい。知る、わかる、できる、そして教える。このサイクルによって、みなさんの深い学びと豊かな人生につながれば幸いである。

2023年3月

著者を代表して
東京農業大学教授　勝亦　陽一

執筆者一覧

勝亦　陽一（かつまた　よういち）

東京農業大学応用生物科学部教養分野 教授

野球科学研究会 運営委員

日本ティーボール協会 理事

最終学歴：早稲田大学大学院スポーツ科学研究科博士後期課程修了
　　　　　博士（スポーツ科学）

専門競技：野球

最近のスポーツ：球技全般、野球の指導

座右の銘：進取、実学の精神

学生へのメッセージ：運動・休養、行動・思考、集中・分散、現実・理想（空想）、
　　　　　　　　　　やりたいこと・やらなければいけないこと、日々の生活にメリ
　　　　　　　　　　ハリをつけよう。

上岡　洋晴（かみおか　ひろはる）

東京農業大学地域環境科学部教養分野 教授

（公財）身体教育医学研究所 客員研究部長

（一財）日本健康開発財団 温泉医科学研究所 研究顧問

最終学歴：東京大学大学院教育学研究科総合教育科学専攻博士課程単位取得満期退学
　　　　　博士（身体教育学）

専門競技種目：トランポリン・体操競技

最近のスポーツ：ジョギング、水泳、ゴルフ、スキー

座右の銘：「くよくよするな 弱音をはくな 後ろを向くな」（恩師の言葉）

学生へのメッセージ：勉強の合間に適度に運動を取り入れると疲れた頭がリフレッ
　　　　　　　　　　シュできて効率が増します。心と体のためにぜひ運動をしよう！

曽根　良太（そね　りょうた）

東京農業大学国際食料情報学部教養分野 助教

日本ウエイトリフティング協会 アンチ・ドーピング委員会 委員

健康運動指導士

最終学歴：筑波大学大学院人間総合科学研究科スポーツ医学専攻3年制博士課程修了
　　　　　博士（スポーツ医学）

専門競技：硬式野球・軟式野球

最近のスポーツ：ウエイトトレーニング、ゴルフ、サイクリング、ソフトボール

座右の銘：「選択を迷った時には自分がワクワクする方を選ぶ」

学生へのメッセージ：学生生活、その後の人生を豊かにするためには健康な身体は不
　　　　　　　　　　可欠です。
　　　　　　　　　　普段の生活の中で継続できる運動習慣を取り入れましょう！

李　永晃（イ　ヨンファン）

東京農業大学農友会ホッケー部 監督

日本ホッケー協会公認3コーチ資格

最終学歴：韓国体育大学
　　　　　　　学士（体育）

専門競技：ホッケー（1996年アトランタオリンピックホッケー競技　韓国代表）

最近のスポーツ：ウエイトトレーニング、ゴルフ、ホッケー

座右の銘：継続は力なり

学生へのメッセージ：地道に成果を積み重ねていけば、いずれは目標を達成できる。
　　　　　　　　　　仲間と共に運動して汗と共に友情を深めよう。

人生を豊かにする生涯スポーツ

2023年4月1日　　　第1版第1刷発行
2024年4月25日　　　第1版第2刷発行

監　修　勝亦陽一・上岡洋晴
編　著　曽根良太・李　永晃
発行所　一般社団法人東京農業大学出版会
　　　　代表理事　江口文陽
　　　　〒156-8502 東京都世田谷区桜丘1‐1‐1
　　　　TEL 03-5477-2666　FAX 03-5477-2747
　　　　　　　http://nodai.ac.jp
　　　　　　　E-mail　shuppan@nodai.ac.jp
印刷・製本　共立印刷株式会社

授業における自己評価・振り返りレポート用紙

日付 （ ／ ）種目名 （ 　　　　　　 ）学科名 （ 　　　 ）氏名 （ 　　　　　　 ）

#	自己評価項目	評価	全体的な感想
1	積極的・意欲的に参加できたか？		
2	事故防止と安全に留意して運動できたか？		
3	味方の失敗を許し励まし合ってプレーできたか？		
4	相手を尊重し礼節をもってプレーできたか？		
5	用具の準備や片づけをしっかりできたか？		

基準－〇：できた　△：不十分だった　×：大いに反省すべき
＼：該当なし

日付 （ ／ ）種目名 （ 　　　　　　 ）学科名 （ 　　　 ）氏名 （ 　　　　　　 ）

#	自己評価項目	評価	全体的な感想
1	積極的・意欲的に参加できたか？		
2	事故防止と安全に留意して運動できたか？		
3	味方の失敗を許し励まし合ってプレーできたか？		
4	相手を尊重し礼節をもってプレーできたか？		
5	用具の準備や片づけをしっかりできたか？		

基準－〇：できた　△：不十分だった　×：大いに反省すべき
＼：該当なし

日付 （ ／ ）種目名 （ 　　　　　　 ）学科名 （ 　　　 ）氏名 （ 　　　　　　 ）

#	自己評価項目	評価	全体的な感想
1	積極的・意欲的に参加できたか？		
2	事故防止と安全に留意して運動できたか？		
3	味方の失敗を許し励まし合ってプレーできたか？		
4	相手を尊重し礼節をもってプレーできたか？		
5	用具の準備や片づけをしっかりできたか？		

基準－〇：できた　△：不十分だった　×：大いに反省すべき
＼：該当なし

日付 （ ／ ）種目名 （ 　　　　　　 ）学科名 （ 　　　 ）氏名 （ 　　　　　　 ）

#	自己評価項目	評価	全体的な感想
1	積極的・意欲的に参加できたか？		
2	事故防止と安全に留意して運動できたか？		
3	味方の失敗を許し励まし合ってプレーできたか？		
4	相手を尊重し礼節をもってプレーできたか？		
5	用具の準備や片づけをしっかりできたか？		

基準－〇：できた　△：不十分だった　×：大いに反省すべき
＼：該当なし

授業における自己評価・振り返りレポート用紙

日付（　／　）種目名（　　　　　　　）学科名（　　　　）氏名（　　　　　　　）

#	自己評価項目	評価	全体的な感想
1	積極的・意欲的に参加できたか？		
2	事故防止と安全に留意して運動できたか？		
3	味方の失敗を許し励まし合ってプレーできたか？		
4	相手を尊重し礼節をもってプレーできたか？		
5	用具の準備や片づけをしっかりできたか？		

基準－〇：できた　△：不十分だった　×：大いに反省すべき
　　　　＼：該当なし

日付（　／　）種目名（　　　　　　　）学科名（　　　　）氏名（　　　　　　　）

#	自己評価項目	評価	全体的な感想
1	積極的・意欲的に参加できたか？		
2	事故防止と安全に留意して運動できたか？		
3	味方の失敗を許し励まし合ってプレーできたか？		
4	相手を尊重し礼節をもってプレーできたか？		
5	用具の準備や片づけをしっかりできたか？		

基準－〇：できた　△：不十分だった　×：大いに反省すべき
　　　　＼：該当なし

日付（　／　）種目名（　　　　　　　）学科名（　　　　）氏名（　　　　　　　）

#	自己評価項目	評価	全体的な感想
1	積極的・意欲的に参加できたか？		
2	事故防止と安全に留意して運動できたか？		
3	味方の失敗を許し励まし合ってプレーできたか？		
4	相手を尊重し礼節をもってプレーできたか？		
5	用具の準備や片づけをしっかりできたか？		

基準－〇：できた　△：不十分だった　×：大いに反省すべき
　　　　＼：該当なし

日付（　／　）種目名（　　　　　　　）学科名（　　　　）氏名（　　　　　　　）

#	自己評価項目	評価	全体的な感想
1	積極的・意欲的に参加できたか？		
2	事故防止と安全に留意して運動できたか？		
3	味方の失敗を許し励まし合ってプレーできたか？		
4	相手を尊重し礼節をもってプレーできたか？		
5	用具の準備や片づけをしっかりできたか？		

基準－〇：できた　△：不十分だった　×：大いに反省すべき
　　　　＼：該当なし

授業における自己評価・振り返りレポート用紙

日付（　／　）種目名（　　　　　　　　　　）学科名（　　　　　　　）氏名（　　　　　　　　　　）

#	自己評価項目	評価	全体的な感想
1	積極的・意欲的に参加できたか？		
2	事故防止と安全に留意して運動できたか？		
3	味方の失敗を許し励まし合ってプレーできたか？		
4	相手を尊重し礼節をもってプレーできたか？		
5	用具の準備や片づけをしっかりできたか？		

基準ー〇：できた　△：不十分だった　×：大いに反省すべき
＼：該当なし

日付（　／　）種目名（　　　　　　　　　　）学科名（　　　　　　　）氏名（　　　　　　　　　　）

#	自己評価項目	評価	全体的な感想
1	積極的・意欲的に参加できたか？		
2	事故防止と安全に留意して運動できたか？		
3	味方の失敗を許し励まし合ってプレーできたか？		
4	相手を尊重し礼節をもってプレーできたか？		
5	用具の準備や片づけをしっかりできたか？		

基準ー〇：できた　△：不十分だった　×：大いに反省すべき
＼：該当なし

日付（　／　）種目名（　　　　　　　　　　）学科名（　　　　　　　）氏名（　　　　　　　　　　）

#	自己評価項目	評価	全体的な感想
1	積極的・意欲的に参加できたか？		
2	事故防止と安全に留意して運動できたか？		
3	味方の失敗を許し励まし合ってプレーできたか？		
4	相手を尊重し礼節をもってプレーできたか？		
5	用具の準備や片づけをしっかりできたか？		

基準ー〇：できた　△：不十分だった　×：大いに反省すべき
＼：該当なし

日付（　／　）種目名（　　　　　　　　　　）学科名（　　　　　　　）氏名（　　　　　　　　　　）

#	自己評価項目	評価	全体的な感想
1	積極的・意欲的に参加できたか？		
2	事故防止と安全に留意して運動できたか？		
3	味方の失敗を許し励まし合ってプレーできたか？		
4	相手を尊重し礼節をもってプレーできたか？		
5	用具の準備や片づけをしっかりできたか？		

基準ー〇：できた　△：不十分だった　×：大いに反省すべき
＼：該当なし

授業における自己評価・振り返りレポート用紙

日付 （ ／ ） 種目名 （ ） 学科名 （ ） 氏名 （ ）

#	自己評価項目	評価	全体的な感想
1	積極的・意欲的に参加できたか？		
2	事故防止と安全に留意して運動できたか？		
3	味方の失敗を許し励まし合ってプレーできたか？		
4	相手を尊重し礼節をもってプレーできたか？		
5	用具の準備や片づけをしっかりできたか？		

基準—〇：できた　△：不十分だった　×：大いに反省すべき
＼：該当なし

日付 （ ／ ） 種目名 （ ） 学科名 （ ） 氏名 （ ）

#	自己評価項目	評価	全体的な感想
1	積極的・意欲的に参加できたか？		
2	事故防止と安全に留意して運動できたか？		
3	味方の失敗を許し励まし合ってプレーできたか？		
4	相手を尊重し礼節をもってプレーできたか？		
5	用具の準備や片づけをしっかりできたか？		

基準—〇：できた　△：不十分だった　×：大いに反省すべき
＼：該当なし

日付 （ ／ ） 種目名 （ ） 学科名 （ ） 氏名 （ ）

#	自己評価項目	評価	全体的な感想
1	積極的・意欲的に参加できたか？		
2	事故防止と安全に留意して運動できたか？		
3	味方の失敗を許し励まし合ってプレーできたか？		
4	相手を尊重し礼節をもってプレーできたか？		
5	用具の準備や片づけをしっかりできたか？		

基準—〇：できた　△：不十分だった　×：大いに反省すべき
＼：該当なし

日付 （ ／ ） 種目名 （ ） 学科名 （ ） 氏名 （ ）

#	自己評価項目	評価	全体的な感想
1	積極的・意欲的に参加できたか？		
2	事故防止と安全に留意して運動できたか？		
3	味方の失敗を許し励まし合ってプレーできたか？		
4	相手を尊重し礼節をもってプレーできたか？		
5	用具の準備や片づけをしっかりできたか？		

基準—〇：できた　△：不十分だった　×：大いに反省すべき
＼：該当なし